干旱区生态系统服务与景观格局集成模拟

梁友嘉 刘丽珺 黄解军 著

科学出版社
北京

版权所有，侵权必究

举报电话:010-64030229;010-64034315;13501151303

内 容 简 介

生态系统服务与景观格局耦合机理及方法是近年来我国干旱区地学跨学科研究热点。本书系统介绍干旱区生态系统服务与景观格局集成研究进展，全面阐述生态系统服务分类、生态系统结构、功能与过程、尺度效应和土地景观格局变化的驱动力；在此基础上，构建生态系统服务与土地景观格局变化的耦合建模框架和空间显式的动态模拟方法，并分别以干旱区多个典型研究区为例，开展不同类型的生态系统服务过程模拟、土地利用过程模拟、生态系统服务制图和情景预测等案例开发。最后，在评述主流模型和评估方法的基础上，提出适用于干旱区生态系统服务集成建模的理论与方法。本书成果可为生态系统服务集成建模提供科学的理论和案例支持。

本书适合地理学、生态学和环境科学等专业的科研和教学人员阅读，可作为高等院校和科研院所相关专业的教学参考书。

图书在版编目(CIP)数据

干旱区生态系统服务与景观格局集成模拟/梁友嘉，刘丽珺，黄解军著. —北京:科学出版社,2017.11
ISBN 978-7-03-054935-8

Ⅰ.①干… Ⅱ.①梁… ②刘… ③黄… Ⅲ.①干旱区-生态系-研究 Ⅳ.①P941.71

中国版本图书馆 CIP 数据核字(2017)第 259814 号

责任编辑：杨光华 孙寓明/责任校对：董艳辉
责任印制：彭 超/封面设计：苏 波

科学出版社 出版
北京东黄城根北街 16 号
邮政编码：100717
http://www.sciencep.com

武汉中科兴业印务有限公司印刷
科学出版社发行 各地新华书店经销
*

开本：787×1092 1/16
2017 年 10 月第 一 版 印张：12 1/2
2017 年 10 月第一次印刷 字数：294 000

定价：78.00 元
(如有印装质量问题，我社负责调换)

前　言

中国西北干旱区分布广泛,其面积约占全国陆地的30%,降水量少而变率大,蒸发量远大于降水量,风沙多、云量少、日照强。近几十年来该区域沙漠化和水资源短缺等环境问题越发突出,生态环境不断恶化,给人民生产、生活和区域社会经济发展带来极大的危害,也成为中国生态环境问题最严重的区域之一。干旱区生态系统的独特结构和功能为当地人民的生存和发展提供了多种生态系统服务和产品,也为推动经济发展、维持当地社会稳定和确保区域—国家层面生态安全提供了重要保证。

生态系统服务功能是指生态系统与生态过程所形成及维持人类赖以生存的自然环境条件和效用。长期以来,人类对生态系统服务重要性认识不足,不合理的人类活动致使干旱区生态服务功能遭到严重破坏。景观格局变化直接受人类活动影响,由此产生的土地利用变化是导致生态系统服务功能和价值变化的重要原因,也直接影响区域环境系统向社会经济系统提供的各种服务和物品。生态系统服务与景观格局的耦合机理及模拟方法已成为国际上新兴的交叉学科热点。通过分析生态系统服务与景观格局耦合机理、开发跨尺度的集成建模框架和发展空间显式的动态模型模拟方法,进而体现生态系统服务集成在干旱区和谐社会建设、生态文明建设和促进全面小康社会建设中的重要地位与作用,这也是生态系统服务科学的重要任务与应用价值。

通过复杂的计算机模拟模型,可以对真实的生态系统格局和过程进行抽象与简化,该技术已经成为地学跨学科研究中不可或缺的工具。近二十年来,随着集成环境建模的学科方法论逐渐完善与技术工具日趋成熟,科学家开始有能力针对复杂的生态系统结构和过程开发多尺度的空间动态模拟模型。随着3S技术的广泛应用和海量空间数据的大量增加,构建生态系统动态显式模拟模型的需求和能力在迅速提升,这种集成环境建模的演变趋势在生态系统服务领域中尤为明显。此外,建模过程中还需要掌握跨学科的背景知识,综合相对复杂的建模理论和方法,以实现对特定生态系统或区域的人口、经济、自然资源、景观变化和决策制定等多要素耦合过程进行空间显式的动态模拟。

本书第一部分为理论,从集成环境建模介绍开始,系统地阐述生态系统服务与景观格局耦合的基础理论。介绍相关建模理论和方法的最新进展,并提出适用于干旱区生态系统的集成建模框架和模型开发方法,最后对现有理论可能的演变趋势进行展望。第二部分是方法与案例应用,主要介绍关于模型框架的实际应用案例,针对具体的生态系统服务类型和景观格局变化过程进行建模和讨论,案例选择时兼顾区域当前面临的一些紧迫的环境和社会经济问题。同时,还对当前可用于生态系统服务集成建模的几种常用模型及评估方法进行介绍和对比分析,并提出适用于干旱区的生态系统服务综合评估建模框架和集成模型。

全书撰写完成后,由刘丽珺博士统稿,梁友嘉博士和黄解军教授完成审定。书中的部分阶段性成果已在国内外刊物上先行发表,还有部分成果尚未公开发表,相关的集成模型改进和更丰富的案例开发还在持续进行,相信不久便会与读者见面。本书受国家自然科学基金青年科学基金项目"绿洲生态系统服务与景观格局耦合过程及权衡的定量研究"(41601184)、国家重点研发计划项目"黄土高原水土流失综合治理技术及示范"第七课题"黄土高原水土流失治理与生态产业协同发展技术集成与模式"(2016YFC0501707)和中央高校基本科研业务费专项资金(2017IVB016)联合资助。科学出版社为本书出版提供了支持,编辑们在本书出版组织、材料整理和文字编辑等方面付出了大量精力,在此表示衷心感谢。

由于时间和水平有限,书中难免存在不足之处,敬请广大读者批评指正!

梁友嘉

2017 年 5 月于武汉

目 录

第一部分 生态系统服务集成模拟的基础理论

第1章 集成环境建模 ……………………………………………………………… 3
1.1 集成环境建模概述 …………………………………………………………… 3
1.1.1 基本概念与建模术语 …………………………………………………… 5
1.1.2 建模特征与决策集成 …………………………………………………… 6
1.2 集成环境建模应用 …………………………………………………………… 8
1.2.1 利益相关者与管理策略 ………………………………………………… 8
1.2.2 模型的科学评估和推广 ………………………………………………… 9
1.3 集成环境建模科学 …………………………………………………………… 9
1.3.1 集成环境建模的系统模式 ……………………………………………… 9
1.3.2 集成环境建模数据与评估 ……………………………………………… 11
1.4 集成环境建模技术 …………………………………………………………… 13
1.4.1 软件开发和建模框架 …………………………………………………… 13
1.4.2 互联网技术与模型开发 ………………………………………………… 15
1.5 小结 …………………………………………………………………………… 16
参考文献 …………………………………………………………………………… 17

第2章 土地景观格局变化建模 ………………………………………………… 23
2.1 土地景观格局分析 …………………………………………………………… 23
2.1.1 土地景观格局概述 ……………………………………………………… 23
2.1.2 土地景观格局模拟模型 ………………………………………………… 25
2.2 土地景观格局建模的挑战 …………………………………………………… 28
2.2.1 土地景观格局建模的核心问题 ………………………………………… 28

2.2.2 建模面临的挑战和潜在解决途径 · 29
　2.3 小结 · 32
　参考文献 · 32
第3章　生态系统服务集成建模 · 37
　3.1 生态系统服务集成建模的概念框架 · 37
　　3.1.1 生态系统服务功能概述 · 37
　　3.1.2 土地景观格局对生态系统服务功能的影响 · 39
　　3.1.3 生态系统服务供给与人类需求互馈关系 · 40
　　3.1.4 生态系统服务功能预测和情景分析 · 41
　3.2 干旱区生态系统服务集成建模 · 43
　　3.2.1 干旱区生态系统服务集成建模概述 · 43
　　3.2.2 生态系统服务集成建模研究进展 · 44
　3.3 小结 · 45
　参考文献 · 46

第二部分　生态系统服务集成模拟的方法与应用

第4章　水源涵养生态系统服务集成建模 · 53
　4.1 分布式水源涵养模拟模型 · 53
　　4.1.1 水源涵养服务建模框架概述 · 53
　　4.1.2 水文单元模型 · 55
　　4.1.3 机会成本模型 · 58
　　4.1.4 生态补偿价格模型 · 58
　4.2 降水多元回归模型 · 59
　　4.2.1 降水预测模型概述 · 59
　　4.2.2 降水空间分布建模方法与应用 · 60
　4.3 蒸散发单元模型 · 66
　　4.3.1 蒸散发模型概述 · 66
　　4.3.2 蒸散发单元建模方法与应用 · 67
　4.4 水源涵养服务模拟 · 72
　　4.4.1 集成模型参数率定 · 72
　　4.4.2 水源涵养服务模拟与补偿价格估算 · 74
　4.5 小结 · 77
　参考文献 · 77

第5章 气候调节生态系统服务集成建模 …… 81
5.1 微尺度风环境模拟模型 …… 81
5.1.1 微尺度风环境建模框架概述 …… 81
5.1.2 微尺度风环境变化模拟建模 …… 84
5.2 市域尺度风环境变化模拟 …… 86
5.2.1 市域尺度风场分布模拟 …… 86
5.2.2 城市热岛效应与风速场关系 …… 87
5.3 区域尺度气候舒适度评价模型 …… 90
5.3.1 区域尺度气候舒适度评价框架概述 …… 90
5.3.2 区域尺度气候舒适度评价建模 …… 91
5.3.3 区域尺度气候舒适度分类与评价 …… 92
5.4 小结 …… 96
参考文献 …… 97

第6章 土地景观格局变化集成建模 …… 99
6.1 土地景观格局变化与驱动力 …… 99
6.1.1 土地景观格局时空变化分析概述 …… 99
6.1.2 土地景观格局时空变化与驱动力分析 …… 101
6.2 农业景观格局遥感制图 …… 107
6.2.1 农业景观格局遥感制图概述 …… 107
6.2.2 农业景观格局遥感制图方法与应用 …… 108
6.3 影响景观格局的人文因素空间化 …… 114
6.3.1 人文要素空间化概述 …… 114
6.3.2 人口、GDP空间化建模方法与应用 …… 116
6.4 分布式土地景观模拟模型 …… 126
6.4.1 分布式土地景观模拟模型概述 …… 126
6.4.2 分布式土地景观模拟模型及应用 …… 127
6.5 小结 …… 137
参考文献 …… 137

第7章 生态系统服务综合空间制图 …… 141
7.1 基于土地景观的生态系统服务制图 …… 141
7.1.1 生态系统服务制图概述 …… 141
7.1.2 基于土地景观的生态系统服务制图方法与应用 …… 142
7.2 基于完整性指标的生态系统服务制图 …… 150
7.2.1 生态系统完整性指标概述 …… 150

7.2.2 基于完整性指标评价的矩阵制图方法与应用 …………………………… 151
7.3 小结 ………………………………………………………………………… 160
参考文献 ………………………………………………………………………… 161

第8章 生态系统服务综合评估 …………………………………………………… 163
8.1 生态系统服务评估模型 …………………………………………………… 163
8.1.1 生态系统服务评估模型概述 ………………………………………… 163
8.1.2 InVEST 评估模型方法与应用 ……………………………………… 168
8.2 干旱区生态系统服务综合评估模型 ……………………………………… 182
8.2.1 干旱区生态系统服务综合评估框架 ………………………………… 182
8.2.2 干旱区生态系统服务综合评估模型开发 …………………………… 183
8.3 小结 ………………………………………………………………………… 187
参考文献 ………………………………………………………………………… 187

第一部分

生态系统服务集成模拟的基础理论

第一部分

生态系统发育及其基础理论

第 1 章 集成环境建模

生态系统服务集成建模的一个重要趋势是引入多学科模型,从整体性视角对生态系统进行综合评估和管理。生态系统服务集成建模具有复杂性和跨学科性特点,属于集成环境建模领域,已有的单一学科模型很难满足集成需求,亟须建立一个能够支持跨学科模型集成的建模框架,用于支持生态系统服务模型集成研究,这方面工作才刚起步。系统综述集成环境建模的研究进展与发展趋势,为生态系统服务和景观格局集成模拟提供可用的理论基础,也为发展通用的生态系统服务集成建模框架提供知识参考。

1.1 集成环境建模概述

集成环境建模(integrated environmental modeling,IEM)是指从广泛的视角对复杂的环境-人类耦合生态系统以及系统内部各要素之间相互关系进行建模与分析的一门新兴学科。环境-人类耦合系统和系统内部要素之间的连接关系均具有复杂性特征,需要通过整体视角和系统思考解决其所面临的生态环境问题(EPA,2008b;MEA,2005;Jakeman et al.,2003)。IEM 为跨学科知识的表达和组织提供了一种可用的科学方法,可以利用已获取的知识分析和预测环境系统对自然-人类活动压力的响应。IEM 研究有助于打破传统的地学研究壁垒,使多学科科研人员可以和决策者、利益相关者进行知识的交流和共享,促进整体性视角和系统思考模式应用。在面对社会、经济和环境等耦合的复杂问题时,IEM 方法还可促进决策制定与管理模式创新,为利益相关者提供决策辅助支持。IEM 方法强调多学科联动、开放式和参与式建模(Voinov et al.,2010a,2010b;Tress et al.,2005),这有助于建模者加强对知识结构的系统性理解,有效地减少传统"黑箱"建模方法,也有助于理解景观决策/政策制定等人类活动与自然环境的因果反馈关系。

20世纪80年代后期,开始出现IEM基本概念和早期的模型(Mackay,1991;Walters,1986;Bailey et al.,1985)。其后,随着区域尺度土地利用管理、生态系统服务价值评估、气候变化和粮食-水-能源系统等研究的深入,开始出现IEM应用研究,一些大型的政府和非政府组织,如NSF(US National Science Foundation,美国国家科学基金会)和ICSU(International Council for Science Unions,国际科学协会理事会)等开始参与集成环境建模研究,并对学科继续发展提供了重要支持。同时,政府部门的决策者、学术界和一些商业机构也开始调整对IEM的认知,不断地参与和推动跨学科集成研究(EPA,2008b)。环境领域学者开始利用IEM理论和建模技术开发面向具体环境问题的IEM系统,并发展出多种时空尺度的案例(Akbar et al.,2013;Mohr et al.,2013;Quinn et al.,2006)。受相关研究影响,决策者开始从基于整体性视角的系统建模过程中获取有用的决策辅助信息(ABARE-BRS,2010;EPA,2008b)。

目前,已形成一批有代表性的IEM工作小组,引领了研究的持续发展(表1.1),多数研究小组具有开放论坛的性质,可以对最新的IEM知识、建模经验、研究范式和典型案例进行共享。研究小组的成员包括从事环境建模的科研人员、软件工程师、决策分析师、政府管理者和其他利益相关方。不同研究组采用的建模术语和概念框架尚存在一定差异,首先对涉及的IEM基本概念进行系统梳理,然后从IEM研究体系的角度综述IEM学科发展的历程和未来可能会遇到的问题和挑战。

表1.1 代表性的IEM研究小组

名称	发起方	参与方	成果
环境软件系统计算和连接可靠性	NRC,DOE	1-5	NRC(2002)
综合决策分析的集成环境建模	EPA	2,6-7	EPA(2007,2008a)
集成建模的协同方法:面向决策制定的优化与集成	EPA	2,8-14,18,20-21	EPA(2008a)
IEMSs:集成建模的科学和技术	IEMSs	2,5,7,13-14,16,21	IEM发展路线图
地球系统建模框架	NASA	3,17,19,22-23	开源建模工具集
集成环境建模国际峰会	BGS,USGS,EPA	1-2,4-5,8-9,13,15,17,19,21-22	白皮报告书 https://iemhub.org/

注:参与方
1. NRC:US Nuclear Regulatory Commission,http://www.nrc.gov/.
2. EPA:US Environmental Protection Agency,http://www.epa.gov/.
3. DOE:US Department of Energy,http://energy.gov/.
4. ACoE:US Army Corps of Engineers,http://www.usace.army.mil.
5. NGOs:Non-Governmental Organizations.
6. EC:Environment Canada,http://www.ec.gc.ca.
7. EU:European Union,http://europa.eu.
8. US Federal Agencies ISCMEM:Interagency Steering Committee for Multi-media Environmental Modeling,http://iemhub.org/topics/ISCMEM.

9. CEH UK：Center for Ecology and Hydrology，http：//www.ceh.ac.uk/.
10. IEMSs：International Environmental Modeling and Software Society，http：//www.iemss.org/society.
11. OGC：Open Geospatial Consortium，http：//www.opengeospatial.org/.
12. CUAHSI：Consortium of Universities for the Advancement of Hydrologic Science，Inc.，http：//www.cuahsi.org/.
13. OpenMI：Open Modeling Interface，http：//www.openmi.org/.
14. USDA：US Department of Agriculture，http：//www.usda.gov/.
15. CSDMS：Community Surface Dynamics Modeling System，http：//csdms.colorado.edu/wiki/Main_Page.
16. Italy NRC：National Research Council，http：//www.cnr.it/sitocnr/Englishversion/Englishversion.html.
17. NSF：National Science Foundation，http：//www.nsf.gov/.
18. US ONR：Office of Naval Research，http：//www.onr.navy.mil.
19. NASA：National Aeronautics and Space Administration，http：//www.nasa.gov/.
20. USGS：US Geological Survey，http：//www.usgs.gov/.
21. BGS：British Geological Survey，http：//www.bgs.ac.uk/.
22. NOAA：National Oceanic and Atmospheric Administration，http：//www.noaa.gov/.
23. US DOD：Department of Defense，http：//www.defense.gov/.

1.1.1 基本概念与建模术语

集成环境建模的相关概念描述并不一致，这已成为IEM学科面临的挑战之一，概念应尽可能涵盖环境建模、环境决策制定和政策管理等内容。IEM中，"集成"(integrated)主要用于表达有整体性或系统思考问题的研究方式(Tress et al.，2005)；"建模"(modeling)表示基于计算机模型的模拟和预测过程；"评估"(assessment)主要面向环境政策问题，表示与决策或政策相关的信息处理(Tol et al.，1998)。其他术语如下。

传统建模：基于真实世界建立的一般抽象模型，帮助理解和预测系统变化。通常代表单一学科知识，如常见的语言、图形、逻辑图、一般的数学和物理过程表达等。

集成建模：在传统建模基础上，包含多种相互联系的科学要素（如模型、数据和模型评价方法等），用来构建可用的复杂模型系统(EPA，2008b)。

集成评估：为决策权衡和制定提供辅助信息。与单一学科研究相比，集成评估的范围、方法、类型和不确定性等都得到加强(Jakeman et al.，2003)。

集成评估建模：通过集成多学科知识，定量分析建模系统中多要素之间的因果关系和相关关系(Rosenberg et al.，2005)。

集成环境决策分析：通过集成各种建模资源和强调现实环境面临的多种问题，最终对复杂环境问题进行整体性评估，问题确定过程主要由利益相关者完成(EPA，2008a)。

参与式建模：是新兴的建模领域，强调利益相关者在集成建模过程中的参与程度，也称为分组式建模、协同建模、共同愿景规划、参与式模拟等(Voinov et al.，2010a，2010b)。

集成建模环境：主要强调建模环境的开发与标准化建设。通过模型开发和集成，数据挖掘和表达、数据分析和可视化工具、模型参数优化等可调用的标准化分析工具和方法，实现模型开发和应用，集成建模环境可以利用已有模块或模型库进行模型开发。

1.1.2 建模特征与决策集成

环境决策始终与 IEM 学科发展关系密切,已有多位环境模拟研究领域的学者对此进行了专题综述(Van Delden et al.,2011;Liu et al.,2008)。作为建模研究的"出口",环境决策与 IEM 过程存在相互影响、多重反馈的关系(图 1.1)。从形成的反馈环看,包括两个相对独立的阶段:决策/政策和建模/观测,这为利益相关者提供了基本依据和参考。对决策或政策制定感兴趣的利益相关者主要关注:具体的环境问题界定和其影响、环境问题的合理表达、管理情景开发和面向具体问题的决策方案制定等议题。对科学研究感兴趣的利益相关者则主要关注:基于数据、模型和方法的科学知识组合和应用、服务于决策过程的科学工具与方法开发等议题。

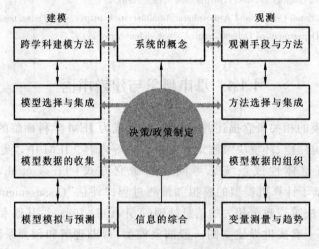

图 1.1 集成环境建模与决策制定过程的关系

该反馈环始于决策/政策制定阶段,通常需要基于先验知识综合处理具体的环境问题和信息,常用方法是对具体问题逐条声明与描述。其目标包括:确定公众担心某类环境问题的原因、已有的相关政策或决策内容、环境问题的特定时空尺度和研究边界、潜在的环境问题解决目标、管理情景和选择方式、解决环境问题的量化标准、对不确定性的接受程度和现有资源条件限制等方面。在信息综合的基础上,通过定义系统概念将决策和政策制定过程分别耦合到建模与观测过程中,系统性认识可以为社会经济-环境耦合系统研究提供更高层次的认识视角,也代表利益相关者都能接受的观点和共识。确定 IEM 系统的概念过程中,必须充分考虑和综合不同利益相关者的具体看法乃至世界观,全面的概念集成框架是深入开展集成环境建模和数据观测的基础。在 IEM 学科中,确定模型、数据和评估策略的工作在建模阶段进行组织和执行,而建模过程又通过集成建模结果分析与决策耦合。这种决策/政策与建模/观测过程的反馈机制研究是基于利益相关者的 IEM 和决策集成研究的新趋势。同时,该反馈机制还受利益相关者的差异性影响,这主要包括项目资助方的特定资助诉求、决策者传播知识的途径、技术人员背景等因素,但上述要素对不同尺度的 IEM 与环境决策研究的影响基本保持一致(Kragt et al.,2013)。

迄今为止,已有多个 IEM 研究小组为 IEM 的持续发展做出了重要贡献,相关的研究议题和成果引领了 IEM 学科发展趋势。从宏观的学科发展角度看,IEM 研究已形成 4 个相互关联的显著特征:IEM 应用、IEM 科学、IEM 技术和 IEM 科学共同体。

(1) IEM 应用:反映了 IEM 学科整体面临的问题和可能的解决方法。IEM 强调建立一种协同分析的人类-环境系统研究方法论,应对不同参与者、环境决策与管理情景、不确定性环境和社会经济结构变化等问题。案例表明,上述问题呈现出强相关关系,集成研究有助于鼓励尽可能多的利益相关者参与到决策中,为 IEM 应用和决策起推广作用。

(2) IEM 情景:情景是 IEM 科学发展的重要特征,情景的构建具有典型的跨学科特征,涉及的知识广泛,如社会、经济、生态和资源环境等学科领域。通过典型的情景特征,可以描述人类-环境耦合系统对自然和人类活动压力的响应机制。情景分析也为 IEM 科学模型评估提供了量化方法。同时,情景分析还能用于分析决策过程中面临的参数、结果的敏感性和不确定性问题,强化结果的可行性。例如,IEM 可以为生态系统服务多情景评估与政策模拟提供理论基础和科学参考。IEM 目前已具备成为独立学科的条件,高校的高等教育过程中应该开展相应的课程。

(3) IEM 技术:IEM 技术主要关注建模的科学化表达、模型和方法的集成途径、集成模型开发和分享平台建设等。IEM 技术加速了传统的数据、模型和策略评估研究的发展,使模型集成制定更加合理、标准化,能开发更加高效的技术工具。已有的集成建模系统通常基于不同平台构建和运行,各模型系统的开发技术也存在差异,亟须构建统一的技术平台,以实现面向复杂性的跨尺度 IEM 开发、应用和科研教育等目的。

(4) 科学共同体:科学共同体是 IEM 学科发展的主力军,主要包括利益相关者和专业学术研究组织,科学共同体直接推动了学科快速发展,并促使 IEM 科学研究开始呈现出更加开放、合作、共享和社会化学习的特征,极大地推动了知识创新和方法进步。科学共同体还可以有效地减少重复性研究,提高效率。面对日益复杂的生态环境问题,IEM 复杂性也在增加,科学共同体之间必须开展更广泛的交流,持续地开放和扩大合作。同时,应鼓励科学家、工程师和教育工作者、感兴趣的公众、决策者和相关社会组织积极参与,以便更好地支持 IEM 发展和应用。早期 IEM 研究主要通过若干的独立科研组织推动相关工作(EPA,1992),成果主要通过传统渠道发表,建模标准不一,无法开展比较研究。率先有所突破的 IEM 研究领域有:多孔介质建模、陆面过程建模、地球系统建模和水文学建模。随后,一些科学共同体开始突破专业限制,开展集成研究。例如,集成环境建模协会(the Community of Practice for Integrated Environmental Modeling,CIEM)强调科研群体广泛参与,并制定了 4 条研究准则:加强 IEM 知识学习和教育、完善问题解决方案、促进跨科学合作和提高已有资源利用效率。

1.2 集成环境建模应用

21世纪以来,IEM 研究案例快速增加,研究尺度和复杂性范围也不断扩大,案例涉及的环境问题跨度很大。环境决策者在强调传统问题(如环境质量标准、环境管理面临的挑战等)的同时,也开始关注生态、社会和经济耦合系统的变化(MEA,2005)。IEM 应用的讨论目前主要包括:利益相关者的参与程度、适应性管理策略、IEM 同行评审和可推广性等。接下来将进一步讨论相关应用。

1.2.1 利益相关者与管理策略

利益相关者研究始终是系统分析中要考虑的因素,也是环境管理研究的重要内容,但国内外相关研究进展缓慢。从科学发展角度看,正是利益相关者对多学科问题的关注,跨学科思想才开始兴起。利益相关者定义较宽泛,IEM 应用中的利益相关者主要包括专家(如科学家、工程师、教育工作者和决策制定者)和非专家两类(Krueger et al.,2012)。随着互联网发展,公众网络平台及参与者开始对 IEM 和环境决策发挥影响,成为新型利益相关者群体,其影响包括:自然资源和环境状况监测、科学家和公众之间的科学知识共享、IEM 可重复性检验、监测技术和成果推广等。例如,基于 IEM 应用的公众网络客户端软件,有效地促进了科学知识和利益相关者的联系,提高了 IEM 应用研究水平(如,基于"蔚蓝地图"的环境污染监测,http://www.ipe.org.cn/index.aspx)。

事实上,在面向环境决策管理和不同利益群体博弈的 IEM 应用研究中,利益相关者开始发挥越来越重要的作用和价值。当前难点是如何将不同知识背景、价值观的利益相关者集成到统一的研究框架中,这需要引入大量的社会科学经验(Kalaugher et al.,2013)。

从管理角度看,学界一致提倡适应性管理(adaptive management,AM)策略。AM 概念目前主要用于表征对人类-环境系统复杂性的认识和理解水平。环境决策分析一般是基于已有 IEM 知识、认知和观测数据开展相关研究,但从 AM 角度看,仍需要深入地理解决策过程和环境系统适应性的内在联系,并对这种内在联系机理进行定量化的刻画与全面分析。当和 IEM 结合时,适应性管理为理解耦合系统变化提供了新视角,并能与其他管理实践方式结合起来,更新综合的环境管理策略,这也是当前生态系统服务评估和生态系统管理领域的研究热点之一。

AM 最早出现在自然资源管理领域,并出现了一批早期的代表性工作(Lee,1993;Walters,1986;Holling,1978)。Holling(1978)将适应性管理定义为一种基于学习的交互式决策制定过程;Walters(1986)认为 AM 主要包括三方面研究工作:多层次的集成和分析、基于不确定性和决策/政策优化功能的管理技术开发、基于合理的观测和设计方法获取可用数据;Williams(2011)认为 AM 研究可以针对预期结果调整和改进自然资源管理方式,并认为 AM 执行分 4 个阶段:方案计划、行动、监测和评估。对比多种 AM 研究发现，监测在不同方法体系中均有重要地位。

要在 IEM 和生态系统服务研究领域完全实现适应性管理还存在诸多障碍，比如引入 AM 会涉及多个利益相关者群体，IEM 的复杂性问题一般具有多种潜在解决方法，AM 分析过程中不能保证其完备性。IEM 应用研究面临的挑战是如何在案例研究中嵌入和执行相关的适应性管理方法。尤其在集成建模方法开发阶段，如何合理、清晰地表征 AM 与已有方法的耦合机理并兼顾利益相关者之间的潜在冲突，这是当前研究难点和热点(Van Delden et al.，2011；Voinov et al.，2010a，2010b)。

1.2.2 模型的科学评估和推广

IEM 应用涉及多个研究领域，就目前案例应用情况而言，案例的可理解性和可推广性仍存在诸多障碍，影响了进一步对模型进行科学评估和推广。例如，Rouwette 等(2002)总结基于系统动力学的 IEM 文献发现，不同 IEM 过程和模型效应评估研究之间存在很大的差异性，研究成果表达上缺乏相对统一的标准，亟须发展可用的概念框架，用于指导具体的集成建模过程。例如，生态系统服务集成评估主要针对生态系统的服务和产品供给开展研究，这类 IEM 研究要求建模框架具有通用性和可推广性，能利用多学科建模工具和技术(如多源数据处理和模型分析)对模型不断改进和整合。IEM 模型结果需要共享，并必须进一步优化同行评审机制，以获得学术界的广泛认可和推广。相关的趋势已经开始出现，如有的开源期刊在审稿过程中允许评审专家或作者选择公开评审结果，并将相关数据或模型统一分发到可用的开源平台，供其他相关人员免费使用。同时，IEM 研究中还强调在不同生态系统中进行对比研究，进一步综合案例研究成果，形成对大尺度生态系统过程的规律性认识，相关研究可以进一步促进科学成果的对比评估与快速传播。

1.3 集成环境建模科学

IEM 科学为决策应用研究提供知识与可供参考的交互式管理策略。科学研究范式也必须从以往的关注单一学科知识逐步转变为跨学科知识集成。IEM 科学需要基于整体性视角和系统思考模式开展研究，下面讨论 IEM 科学涉及的几个关键的研究维度(图 1.2)。

1.3.1 集成环境建模的系统模式

IEM 科学的核心是整体性和系统思考，强调在更广泛的系统范围内评估某子系统中的具体问题。系统性方法要求科学家、技术人员和决策者充分理解所面对的复杂耦合系统，能对不同的决策情景的影响做出相对准确的价值判断，并权衡不同的建模选择，进而采用适应性管理策略分析 IEM 系统观测和模拟结果，并对变化结果做出响应。

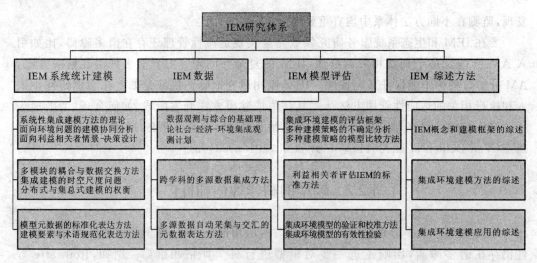

图 1.2 集成环境建模科学的研究体系

IEM 科学面临的主要挑战是如何更好地集成跨学科知识与复杂性系统研究(Kragt et al.,2011；Voinov et al.,2010a,2010b；Voinov et al.,2008)。复杂性是生态环境研究领域的重要问题,涉及社会学、经济学和环境科学等跨学科知识(Hinkel,2009),不可能面面俱到,需要对 IEM 科学研究面对的复杂性知识进行取舍,以确定最恰当的跨学科知识应用(Sidle,2006)。在确定环境建模过程、环境问题与概念、建模方法和建模结果分析等研究中,都需要充分考虑复杂性问题,这是 IEM 科学研究的重要趋势。

多种复杂环境问题的声明和概念化也是 IEM 的重要研究内容,目前一般采用结构化方法解决,相关内容主要包括感兴趣的环境研究对象、研究目标、关键科学问题、环境决策情景、问题解决的评价标准和可用资源等。通过环境问题的声明和概念化等基础研究,可以为后续 IEM 应用提供参考信息和理论支撑,但目前仍没有学界可以广泛接受的声明方式和标准。此外,系统概念在跨学科研究中日益重要,系统是对现实世界的抽象,抓住了真实生态系统的核心。系统建模一般包括系统要素建模、反馈环、系统存量与流量变化等,通过系统建模可以表征社会-经济-环境耦合生态系统的要素特征(Farber et al., 2006),同时,系统概念也为决策者和利益相关者提供了交流基础与可用的概念框架。

集成建模方法是建模系统和应用策略的集成。从建模系统看,数据和知识集成一般通过计算机规范模型进行表达。建模的数学公式有经验性、统计学、基于机理过程的或综合形式的方法。常用方法有：模糊认知图(Samarasinghe et al.,2013)、贝叶斯推理(Reckhow,2003)和系统动力学(Boumans et al.,2002)。尽管可用方法在快速增加,但相关案例仍发展缓慢。

尺度是 IEM 科学核心问题之一,不同空间尺度对 IEM 应用及决策制定产生重要影响(Marin et al.,2003)。例如,不同尺度的集成模型系统会强调不确定性方法的重要性,如基于蒙特卡罗模拟方法的尺度不确定性测量(Johnston et al.,2011)、基于建模系统实验的 MA 定量分析(Akbar et al.,2013)。同一集成建模系统中还会采用多种方法降低不确定性。

除了少数特殊的建模需求，目前的 IEM 研究以空间显式的集成模型开发为主，空间显式模型的分辨率与需要集成的建模要素有关。Akbar 等（2013）构建了一种空间显式的能值响应模拟系统；Johnston 等（2011）开发了用于生态系统服务评估的空间显式模型系统 FARMES；Van Ittersum 等（2008）开发了用于农业系统集成建模的 SEAMLESS 系统，可以归纳和分析农业生态系统建模要素的语义学特征，当建模要素符合规定语义特征时，便可开展农业生态系统集成建模分析。从语义学角度看，确保建模要素语义精确性、可交互性和可计算性是 IEM 面临的关键科学问题（Voinov et al.，2013）。为了进一步推动模型标准化开发，提高模型的可理解性和共享性，开始出现模型元数据与建模术语标准化研究。但相关研究应该明确给出不同的建模对象和阶段的相应标准化特征，并需要通过软件信息技术表达。

集成建模的最终步骤是建模结果表达，结果表达的目标是将基于复杂的 IEM 科学研究成果解释、阐述和展示给利益相关者与决策者，不仅需要具备高度的科学性，也要方便利益相关者和决策者理解。McNie（2006）形象地称其为科学知识的"供给与需求"。在上述过程中要充分考虑双方知识的不对称性，决策者通常很难理解和执行科学家公开发表的研究成果（NRC，2005），IEM 成果表达已开始重视引入可视化技术和其他多样化表达方法。Marin 等（2003）开发了一个可以提供上千种 IEM 模型输出结果的研究案例，科学家将最终的模型结果凝练成科学决策所需的决策库，建模过程和数据库都可以实现可视化，使决策者可以根据具体政策问题进行环境风险评价和环境保护水平评估等研究。

1.3.2 集成环境建模数据与评估

1. 集成环境建模数据

IEM 的多源驱动数据收集是建模面临的重要挑战。例如，生态系统服务集成研究需要多种模型驱动数据，可视化要求高，在面向决策过程中需要和已有研究成果集成。为此，很多政府部门开始建设专业数据库，为 IEM 研究提供多源数据支撑（表 1.2）。

表 1.2　代表性 IEM 数据访问计划

观测计划的名称	范围	描述
全球综合地球观测系统（GEOSS）[1]	全球	建立一个综合、协调和可持续的全球地球综合观测系统。支持地球系统现状监测、大尺度陆面过程和地球系统变化预测
欧盟空间信息基础设施（INSPIRE）[2]	欧盟	收集欧盟空间信息基础设施信息，促使公共部门和公众可以共享和获取环境空间信息
欧洲共享环境信息系统（SEIS）[3]	欧盟	建立共享环境信息和数据的网络系统，强调使用先进的分析工具，保持和提高信息的可用性，并为此确立了 7 个原则
欧洲水信息系统（WISE）[4]	欧盟	收集欧盟范围内水状况和政策信息，促进成员国所使用信息系统的互通性，增加对水生态系统的理解

续表

观测计划的名称	范围	描述
环境资源信息网络(ERIN)[5]	澳大利亚	收集区域尺度的空气污染、温室效应、臭氧损耗、气候多样性、气象数据,提供大气环境与气候系统相关问题的科学建议与解决方案
环境数据库入口(EDG)[6]	美国	在线环境信息服务工具,帮助用户查询、浏览和访问数据库,也可通过元数据编辑工具管理不同类型的元数据
美国国家生态观测站网络(NEON)[7]	美国	集研究、观测、试验和综合分析为一体的全国性网络平台,研究从区域到大陆尺度的生态环境问题
美国协同促进水文科学发展大学联盟(CUAHSI)[8]	美国	开发了水文信息系统(HIS),用于提供和共享水文时间序列数据,获得USGS国家水文信息系统的支持
中国生态系统观测网络(CERN)[9]	中国	对主要区域和主要类型生态系统长期监测与试验,为科研、生态环境保护、资源合理利用和可持续发展以及应对全球变化等提供长期、系统的科学数据和决策依据

注:1. http://www.earthobservations.org/index.shtml
2. http://inspire.jrc.ec.europa.eu/index.cfm?pageid=48
3. http://ec.europa.eu/environment/seis
4. http://water.europa.eu
5. http://www.environment.gov.au/erin/about.html
6. https://iaspub.epa.gov/sor_internet/registry/edgreg/home/overview.do&https://edg.epa.gov/EME
7. http://neoninc.org
8. http://his.cuahsi.org
9. http://www.cern.ac.cn

完成多源数据收集和共享后,主要的挑战是如何将获取的数据转换为 IEM 所需的标准格式数据。数据预处理和格式转换耗时耗力,不同模型框架一般会制定数据处理流程和格式转换方法,但迄今仍未形成通用的数据处理标准。数据集成过程中还涉及语义转换问题,将数据处理为模型可识别的格式时要阐明数据的科学意义,完成数据质量检验。目前,IEM 数据使用中缺乏统一有效的处理和检验方法,常用方法有:统计(如平均值法、方差分析、统计插值等)、空间处理(如重采样与投影转换、影像裁剪、拼接与融合、空间统计分析)、生物物理分析等。这些方法应用较广泛,技术相对成熟,可满足一般的 IEM 研究需求。

在数据集成工具开发方面,GEON 是一个比较活跃的数据集成研究计划(Ludascher et al.,2003),该计划致力于集成多源数据、开发数据挖掘方法和实现知识共享;Johnston 等(2011)开发了用于生态系统服务建模的开源数据集成工具 D4EM,已在流域生态系统服务和淡水生态系统研究中得到广泛应用。CUAHS-HIS 系统是水文学方面的例子,该系统可以完成多源的水文数据集成和数据初始分析(Tarboton et al.,2011),系统设计方法是开发模块化数据处理架构,实现多种数据查询和分析功能,集成遵循统一标准(Horsburgh et al.,2009;Goodall et al.,2008)。除上述工具外,还有面向特定学科的数据分析工具,如网络通用数据格式软件(network common data form,NetCDF),已广泛应用于大气科学、水文、海洋学、环境模拟、地球物理等诸多的数据处理与研究领域。

2. 集成环境建模评估

IEM 模型评估包括定性和定量评估两个方面,待评估的模型首先要具备理论的可理解性,模型的验证方法和模拟功能也要具有可操作性。模型评估过程和结果与利益相关者密切相关,因为 IEM 模型最终的检验和模拟结果直接服务于决策和用户。此外,模型还应具有可扩展性,这为模型后续开发和完善提供可能性。目前,仍难以针对某个 IEM 模型开展完备的定性和定量评估方法,这也是一个集成研究面临的挑战。

不确定性分析是 IEM 模型评估的难点,在气候变化集成建模研究中专门开发了研究不确定性问题的基础理论和方法(IPCC,2007)。传统的 IEM 模型评估方法主要有:误差估计、误差加权分析、敏感性分析、多模型对比分析、模型自动校准方法、不确定性量化方法、模型测试方法、模型后检验方法、缺测条件下模型参数检验和率定。IEM 模型评估研究涉及大量交叉学科及案例,如地球物理学(Menke,2012)、水文学(Hill et al.,2007;Beven,2007;Clark et al.,2011)和计量经济学等(Saltelli et al.,2008)。Matott 等(2009)提出模型评估方法的三个阶段:"文献描述性分析→不确定性分析→集成方法应用",并回顾了近年来的热门评估方法,如数据探索性分析、数据可辨识性分析、参数估计、不确定性建模、敏感性分析、多模块测试分析和贝叶斯网络评估等,并从文献应用数量、软件应用的稳健性和软件开发效率等方面对 65 种已有的模型评估工具进行全面分析。总体看,IEM 模型评估研究还处于起步阶段(Mcintosh et al.,2011;Ascough et al.,2008;Beven,2007)。

最后,IEM 是跨学科研究热点,无论是数据生产还是 IEM 模型开发都需要严格的同行评审,通过同行评审会加快最新的 IEM 知识传播和共享,吸引利益相关者参与,增加不同群体对具体环境问题的理解。通过发展 IEM 方法还会促进对已有模型的检验和改进,获得科学创新点(Bastin et al.,2013)。

1.4 集成环境建模技术

首先从 IEM 软件设计开发和建模框架入手,围绕是否应该发展统一模型框架的核心问题,系统综述 IEM 建模框架发展的阶段、技术发展中面临的关键问题和挑战。在 IEM 建模框架讨论的基础上分析互联网对 IEM 技术的影响,并介绍新技术及其应用(图 1.3)。

1.4.1 软件开发和建模框架

环境建模工具包括科学模型、交互式界面开发、数据分析、GIS(geographic information system)可视化工具,模型校正和优化工具等,工具可操作性要求较高,这能保证 IEM 模型开发过程中对不同的系统要素与数据进行准确、有效和持续的操作。Matott 等(2009)指出,技术障碍是影响建模可操作性的主要因素。不同的程序语言、编

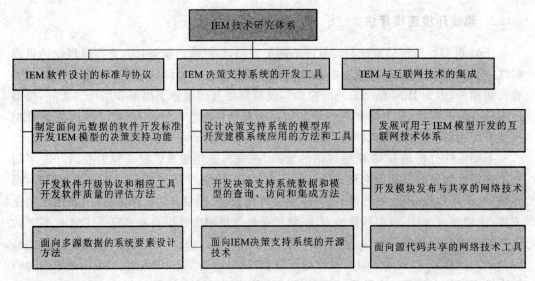

图 1.3 集成环境建模技术的研究体系

译器、模型平台、不同的 I/O 文件格式、操作系统和模型要素的单独分割功能等（如用户和模型界面代码、可执行文件、算法代码、可执行的管理代码、报错处理和统计）都会影响可操作性，这导致 IEM 研究长期只能在部分专业科研人员中间进行。目前已形成几种可用的 IEM 框架（表 1.3），有的建模框架已相对成熟，它们都重视使用图形化界面（GUI）。IEM 研究目前面临的关键技术问题是缺乏通用的可操作性框架，即使每个建模框架面向的具体环境问题不尽相同，但建模框架的科学表达方式（如数据、模型和方法）可以保持一致。

表 1.3 代表性的 IEM 建模框架

建模框架名称	描述	资料来源
AMBER	用于网络科学建模的开发工具	http://www.quintessa.org/software/
ARAMS	面向军事领域耦合模型的风险评估工具	Dortch 等(2007)
ARIES	面向决策制定的生态系统服务评估工具	http://esd.uvm.edu/uploads/media/ARIES
BASINS	基于 GIS 的大尺度流域集成建模和评估工具	EPA(2001)
CSDMS	面向陆面过程的组件式建模框架	http://csdms.colorado
ESMF	用于气候和天气预测模型开发的组件库	Hill 等(2004)
EvoLand/ENVISION	区域规划和环境评估工具，MAS 建模框架	http://envision.bioe.orst.edu/
FRAMES	通用的数据检索和分析工具的模型库	Johnston 等(2011)
GENII	计算辐射及环境中的放射性同位素量	Napier(2007)
GMS/WMS/SMS	地下水、流域和地表水建模系统	http://www.aquaveo.com
GoldSim	面向 IEM 的动态复杂建模系统	http://www.goldsim.com

续表

建模框架名称	描述	资料来源
HydroModeler	CUAHSI 桌面版插件库，提供 OpenMI 标准	Castronova 等（2013）
IWRMS	水资源类决策库	Thurman 等（2004）
LHEM	可扩展的景观模型库，包含多种可用的模块	Voinov 等（2004）
MIMOSA	用于构建概念模型和模型模拟平台	Müller（2010）
OMS	提供构建 IEM 模型及应用的组件和建模环境	David 等（2013）
SEAMLESS	农业系统环境-经济-社会集成模拟框架	Van Ittersum 等（2008）
SHEDS	人类活动及相关化学风险暴露度的建模工具	Zartarian 等（2012）

现有建模框架多是基于目的导向的成果，通用的 IEM 框架应当为用户提供统一的初始化、执行（如运行时间和更新说明）、数据读写和模型操作规范，可以根据标准应用程序接口（API）开展基于需求的流程化操作等。标准化方法是集成建模不可或缺的环节，合理的设计可以极大降低模型开发成本，提高建模效率。开发建模框架还需要编写大量的计算机代码，建模框架必须集中于具体的科学和技术问题。如特定尺度的地下水文模型框架中，必须包括水文动力学建模，必须设计地下水模型各模块的关键代码，但这只是基础工作，水文过程的整体模拟功能开发才是重点。模型框架的可操作性必须从整体性角度考虑。

已有 IEM 框架十分关注模型可操作性问题，如通用组件架构（common component architecture，CCA）和 OpenMI 标准（Moore et al.，2005），开发了不同数据交互调用的通用标准，已得到广泛应用（Janssen et al.，2011；Betrie et al.，2011；Bulatewicz et al.，2010；Fotopoulos et al.，2010；Ewert et al.，2009；Reussner et al.，2009）。IEM 可操作性与互联网可操作性类似，需要通用数据交换协议和标准（如 HTTP、HTML 等）。相关协会已有：万维网协会（World Wide Web Consortium，W3C，http：//www.w3.org/）和开放地理空间协会（Open Geospatial Consortium，OGC，http：//www.opengeospatial.org/），相关国际性协会已得到多个政府组织、公司和科研院所的支持。W3C 的宗旨是开发互联网数据存储和信息准入的各种开放标准，使互联网能应用于跨平台设备。OGC 侧重于空间信息和相关服务准入标准的制定。相关的还有基于 XML 的多种开发语言与标准，涉及跨学科领域（如 GeographyML、Earth ScienceML、WaterML、NetCDFML 和 Systems BiologyML），需要将这些相关标准集成为一个通用的、可扩展的 IEM 开发标准，用于设计 IEM 组件和构建系统模型。

1.4.2 互联网技术与模型开发

近年来，科学家开始关注互联网在新一代 IEM 模型中的应用，如云计算技术。已经出现基于 Web 的开发和案例研究（Booth et al.，2011），通过开发 Web 数据库，为数据处理、数据库、分析工具和模型等要素集成构建流程与标准（Granell et al.，2010；Goodall et al.,2008;Kepler 工程*)。以服务导向和信息资源导向的模型框架已经可以通过 Web 进行分布式数据计算和集成分析(Granell et al.,2013;Nativi et al.,2013;Goodall et al.,2011)。另外,计算机技术和云计算的商业投资大幅增加,为研究提供了新契机,目前面临的问题是如何将这些方法有效的引入 IEM 研究。

对于 IEM 模型开发而言,挖掘 Web 应用潜力的关键是如何从传统的计算机数据和建模方式转变为 Web 模式。同时还需要注意 Web 模式潜在的局限性,如海量数据的频繁移动和覆盖的稳定性问题;同时,IEM 建模流程通常具有动态性和高度的复杂性特征,基于 Web 开发模型时必须考虑这些细节问题,开发可用于表征动态反馈关系的新技术;最后,要比较不同的 Web 建模方式。例如,利用单独的 Web 服务器构建模型时,用户需要通过 Web 浏览器进行分析,或者通过桌面应用程序直接对远程数据操作和分析,远程资源与桌面应用程序之间需要通过 API 连接。不同的 Web 建模方式对 IEM 会产生重要影响。

云计算的例子是 CUAHSI-HIS 系统(Ames et al.,2012;Tarboton et al.,2011)。运行该软件会涉及计算机网络,各网络节点对应不同的数据库(Horsburgh et al.,2011;Horsburgh et al.,2009),用户下载和分析数据的需求完全可以在软件中完成,不需要再通过 web 浏览器进行操作。云计算的核心理念是用户可以租借计算机资源(如 CPU 处理、数据存储和软件等),而不需要购买或完全占用计算机资源。在商业领域,云计算服务商会提供更加多样的服务,如 Amazon、Google 和 Rackspace 等公司早已确立了行业优势,通过注册账号为用户提供理论上接近无限的计算机资源。一些政府部门已开始发展云计算技术,并将其引入到跨学科研究和决策管理中,如英国地质调查(http://www.evo-uk.org/)、美国农业自然资源调查(http://www.eucalyptus.com/sites/all/files/cs-usda.en.pdf),美国环境保护署开发的 WATERS(http://www.epa.gov/waters/geoservices/index.html,该程序可以提供基于流域边界的多源数据分析)等案例。这些应用表明基于云计算技术的 IEM 建模和运行效率明显高于传统的计算机客户端操作。

相较传统建模方法,应用云计算和 Web 技术有明显优势:可以降低 IEM 研究成本,节约时间;可以提高模型组件的重复利用效率;模型组件的开发方法和成果可以得到快速传播和共享。另外,在数据处理阶段还可能形成一个通用的元数据库,能为动态的模型配置方案提供参考;最后,新技术为基于移动设备的 IEM 研究提供了可能性。但要注意的是,已有的科学、技术和研究进展仍然是 IEM 集成研究和发展的基础,引入新技术后仍然会面临建模可操作性等基本问题的困扰。

1.5 小　　结

IEM 在解决当今环境问题、决策和政策制定、跨学科研究等方面发挥着重要作用。IEM 提供了基于科学导向的知识、信息组织和表达方式,可以预测、分析环境系统对人类

---

* https://keplerproject.org/

活动和自然资源压力的响应行为。近年出现的研究案例和方法进一步促进了 IEM 知识的交流和分享，提高了 IEM 学科的发展。本章对 IEM 学科发展进行系统梳理，为生态系统服务集成建模研究提供了理论基础。IEM 研究体系一般包含 4 个相互联系的要素：应用、科学、技术和科学共同体。IEM 需要多学科的科学家突破社会、组织范围等约束，在更高层次上建立集成研究共识，通过广泛的视角引入跨学科研究范式和成果。这种最高层次的目标首先要建立统一标准，用于发布 IEM 数据和模型，同时为集成和模型开发预留接口，实现 IEM 建模的可持续发展；还需要加强决策制定研究，提供不同群体交流的网络平台。

参 考 文 献

ABARE-BRS (Australian Bureau of Agricultural and Resource Economics & Bureau of Rural Sciences), 2010. Assessing the regional impact of the Murray-Darling basin plan and the Australian government's water for the future program in the Murray-Darling basin. Canberra：43051.

AKBAR M, ALIABADI S, PATEL R, et al., 2013. Fully automated and integrated multi-scale forecasting scheme for emergency preparedness. Environmental modelling & software, 39：24-38.

AMES D P, HORSBURGH J S, CAO Y, et al., 2012. HydroDesktop：web services-based software for hydrologic data discovery, download, visualization, and analysis. Environmental modelling & software, 37(9)：146-156.

ASCOUGH II J C, MAIER H R, RAVALICO J K, et al., 2008. Future research challenges for incorporation of uncertainty in environmental and ecological decision-making. Ecological modelling, 219：383-399.

BAILEY G W, MULKEY L A, SWANK R R, 1985. Environmental implications of conservation tillage：a system approach//A System Approach to Conservation Tillage. Chelsea：Lewis Publishers, Inc., 239-265.

BASTIN L, CORNFORD D, RICHARD J M, et al., 2013. Managing uncertainty in integrated environmental modelling：the UncertWeb framework. Environmental modelling & software, 39(39)：116-134.

BETRIE G D, VAN GRIENSVEN A, MOHAMED Y A, et al., 2011. Linking SWAT and SOBEK using Open Modeling Interface (OpenMI) for sediment transport simulation in the Blue Nile River Basin. Transactions of the ASABE, 54(5)：1749-1757.

BEVEN K, 2007. Working towards integrated environmental models of everywhere：uncertainty, data and modelling as a learning process. Hydrology and earth system sciences, 11(1)：460-467.

BOOTH N L, EVERMAN E J, I-LIN K, et al., 2011. A web-based decision support system for assessing regional water-quality conditions and management actions. Journal of the American water resources association, 47 (5)：1136-1150.

BOUMANS R, COSTANZA R, FARLEY J, et al., 2002. Modeling the dynamics of the integrated earth system and the value of global ecosystem services using the GUMBO model//Special Issue：the Dynamics and Value of Ecosystem Services：Integrating Economic and Ecological Perspectives. Ecological Economics, 41：529-560.

BULATEWICZ T, YANG X, PETERSON J M, et al., 2010. Accessible integration of agriculture, groundwater, and economic models using the Open Modeling Interface (OpenMI): methodology and initial results. Hydrology and earth system sciences,14(3):521-534.

CASTRONOVA A M,GOODALL J L,ERCAN M B,2013. Integrated modeling within a Hydrologic Information System:an OpenMI based approach. Environmental modelling & software,39:263-273.

CLARK M P,KAVETSKI D,FENICIA F,2011. Pursuing the method of multiple working hypotheses for hydrological modeling. Water resources research,47:W09301.

DAVID O, ASCOUGH II J C, LLOYD W, et al., 2013. A software engineering perspective on environmental modeling framework design:the object modeling system. Environmental modelling & software,39:201-213.

DORTCH M S, FANT S, GERALD J A, 2007. Modeling fate of RDX at Demolition area 2 of the Massachusetts Military Reservation. Journal of soil and sediment contamination,16(6):617-635.

EPA,1992. MMSOILS:Multimedia contaminant fate,transport,and exposure model//Documentation and User's Manual,Washington D C.

EPA,2001. Better assessment science integrating point and nonpoint sources//BASINS 3. 0, User's Manual,Washington D C:343.

EPA, 2007. Workshop report: Integrated modeling for integrated environmental decision making workshop. NC,Research Triangle Park.

EPA,2008a. Workshop report:Collaborative approaches to integrated modeling:Better integration for better decision making,Phoenix,AZ:12:10-12.

EPA, 2008b. Integrated modeling for integrated environmental decision making. EPA-100-R-08-010. Office of the Science Advisor,Washington D C.

EWERT F, VAN LTTERSUM M K, BEZLEPKINA I, et al., 2009. A methodology for enhanced flexibility of integrated assessment in agriculture. Environmental science & policy,12:546-561.

FARBER S,COSTANZA R,CHILDERS D L,et al.,2006. Linking ecology and economics for ecosystem management. BioScience,56(2):117-129.

FOTOPOULOS F, MAKROPOULOS C, MIMIKOU M A, 2010. Flood forecasting in transboundary catchments using the Open Modeling Interface. Environmental modelling & software, 25 (12): 1640-1649.

GOODALL J L,ROBINSON B F,CASTRONOVA A M,2011. Modeling water resource systems using a service-oriented computing paradigm. Environmental modelling & software,26(5):573-582.

GOODALL J L,HORSBURGH J S,WHITEAKER T L,et al.,2008. A first approach to web services for the national water information system. Environmental Modeling & Software,23(4):404-411.

GRANELL C, DIAZ L, GOULD M, 2010. Service-oriented applications for environmental models: reusable geospatial services. Environmental modelling & software,25(2):182-198.

GRANELL C, DIAZ L, SHADE S, et al., 2013. Enhancing integrated environmental modelling by designing resource-oriented interfaces. Environmental modelling & software,39:229-246.

HILL C,DELUCA C,BALAJI V,et al.,2004. The architecture of the earth system modeling framework. Computer science and engineering,6(1):18-28.

HILL M C,TIEDEMAN C R,2007. Effective calibration of groundwater models,with analysis of data, sensitivities,predictions,and uncertainty. New York:John Wiley and Sons.

HINKEL J, 2009. The PIAM approach to modular integrated assessment modelling. Environmental

modelling & software,24(6):739-748.
HOLLING C S,1978. Adaptive environmental assessment and management. New York:John Wiley and Sons.
HORSBURGH J S,TARBOTON D G,PIASECKI M,et al.,2009. An integrated system for publishing environmental observations data. Environmental Modelling & Software,24(8):879-888.
HORSBURGH J S,TARBOTON D G,MAIDMENT D R,et al.,2011. Components of an environmental observatory information system. Computers & geosciences,37(2):207-218.
IPCC(Intergovernmental Panel on Climate Change),2007. Climate change 2007: the physical science Basis//Solomon S, Qin D, Manning M, et al. , eds. Contribution of Working Group I to the Fourth Assessment Report of the Intergovernmental Panel on Climate Change. New York: Cambridge University Press.
JAKEMAN A J, LETCHER R A, 2003. Integrated assessment and modelling: features, principles and examples for catchment management. Environmental modelling & software,18(6):491-501.
JANSSEN S, ATHANASIADIS I N, BEZLEPKINA I, et al., 2011. Linking models for assessing agricultural land use change. Computers and electronics in agriculture,76(2):148-160.
JOHNSTON J M, McGARVEY D J, BARBER M C, et al., 2011. An integrated modeling framework for performing environmental assessments: application to ecosystem services in the Albemarlee Pamlico basins (NC and VA, USA). Ecological modelling,222(14):2471-2484.
KALAUGHER E, BORNMAN J F, CLARK A. et al., 2013. An integrated biophysical and socio-economic framework for analysis of climate change adaptation strategies: the case of a New Zealand dairy farming system. Environmental modelling & software,39:176-187.
KRAGT M E, NEMHAM L T H, BENNETT J, et al.,2011. An integrated approach to linking economic valuation and catchment modelling. Environmental modelling & software,26(1):92-102.
KRAGT M E,ROBSON B J,MACLEOD C J A,2013. Modellers roles in structuring integrative research projects. Environmental modelling & software,39:322-330.
KRUEGER T, PAGE T, HUBACEK K. et al., 2012. The role of expert opinion in environmental modelling. Environmental modelling & software,36:4-18.
LEE KAI N, 1993. Compass and gyroscope: Integrating science and politics for the environment. Washington D C:Island Press:243.
LIU Y, GUPTA H, SPRINGER E, et al., 2008. Linking science with environmental decision making: experiences from an integrated modeling approach to supporting sustainable water resources management. Environmental modelling & software,23(7):846-858.
LUDASCHER B, LIN K, BRODARIC B, et al., 2003. GEON: Toward a cyberinfrastructure for the geosciencesda prototype for geologic map integration via domain ontologies. Lexington: U. S. Geological Survey:03-071.
MACKAY D, 1991. Multimedia environmental models: the fugacity approach. Michigan: Lewis Publishers.
MARIN C M, GUVANASEN V, SALEEM Z A, 2003. The 3MRA risk assessment framework e a flexible approach for performing multimedia, multipathway, and multireceptor risk assessments under uncertainty. Human and ecological risk assessment,9(7):1655-1677.
MATOTT L S, BABENDREIER J E, PURUCKER S T, 2009. Evaluating uncertainty in integrated

environmental models: a review of concepts and tools. Water resources research, 45: W06421.

MCINTOSH B S, ASCOUGH J C, TWERY M, et al., 2011. Environmental decision support systems EDSS development: challenges and best practices. Environmental modelling & software, 26(12): 1389-1402.

McNIE E C, 2006. Reconciling the supply of scientific information with user demands: an analysis of the problem and review of the literature. Environmental science and policy, 10: 17-38.

MEA (Millenium Ecosystem Assessment), 2005. Ecosystems and human wellbeing. Washington D C: Island Press.

MENKE W, 2012. Geophysical data analysis: Discrete inverse theory. Amsterdam: Elsevier Academic Press.

MKHR K I, TAO W, CHERN J. et al., 2013. The NASA. Goddard multi-scale modeling framework-land information system: global land/atmosphere interaction with resolved convection. Environmental modelling & software, 39(39): 103-115.

MOORE R V, TINDALL C, 2005. An overview of the open modelling interface and environment (the OpenMI). Environmental science and policy, 8(3): 279-286.

MÜLLER J P, 2010. A framework for integrated modeling using a knowledge-driven approach. Proceedings of the International Congress on Environmental Modelling and Software.

NAPIER B A, 2007. GENII Version 2 Users' Guide. PNNL-14583. Richland: Pacific Northwest National Laboratory.

NATIVI S, MAZZETTI P, GELLER G N, 2013. Environmental model access and interoperability: the GEO model web initiative. Environmental modelling & software, 39: 214-228.

NRC, 2002. Proceedings of the Environmental Software Systems Compatibility and Linkage Workshop. NUREG/CP-0177, PNNL-13654. Hosted by The U. S Nuclear Regulatory Commission, Professional Development Center. Rockville, MD March 7-9, 2000.

NRC, 2005. Decision Making for the Environment: Social and Behavioral Science Research Priorities. Washington D C: National Academies Press.

QUINN N W T, JACOBS K C, 2006. Design and implementation of an emergency environmental response system to protect migrating salmon in the Lower San Joaquin River. Environmental modelling & software, 22(4): 416-422.

RECKHOW K H, 2003. Bayesian Approaches to Ecological Analysis and Modeling//Canham C D, Cole J J, Lauenroth W K, eds. Models in Ecosystem Science. Princeton: Princeton Univ Press: 168-183.

REUSSNER F, ALEX J, BACK M, et al., 2009. Basin-wide integrated modelling via OpenMI considering multiple urban catchments. Water Science and Technology, 60(5): 1241-1248.

ROSENBERG N J, EDMONDS J A, 2005. Climate change impacts for the conterminous USA: an integrated assessment: from Mink to the 'Lower 48'. Climate change, 69(1): 1-6.

ROUWETTE E A J A, VENNIX J A M, VAN MULLEKOM T, 2002. Group model building effectiveness: a review of assessment studies. System dynamics review, 18(1): 5-45.

SALTELLI A, RATTO M, ANDRES T, et al., 2008. Global Sensitivity Analysis, the Primer. Hoboken: John Wiley and Sons.

SAMARASINGHE S, STRICKERT G, 2013. Mixed-method Integration and advances in fuzzy cognitive maps for computational policy simulations for natural hazard mitigation. Environmental modelling &

software,39(39):188-200.

SIDLE R C,2006. Field observations and process understanding in hydrology: essential components in scaling. Hydrological processes,20:1439-1445.

TARBOTON D G,MAIDMENT D,ZASLAVSKY I,et al.,2011. Data interoperability in the hydrologic sciences,the CUAHSI hydrologic information system. Proceedings of the Environmental Information Management Conference:132-137.

THURMAN D A,COWELL A J,TAIRA R Y,et al.,2004. Designing a Collaborative Problem Solving Environment for Integrated Water Resource Modeling//Whelan G, Ed, Brownfields: Multimedia Modeling and Assessment. Southampton:WIT Press.

TOL R S J,VELLINGA P, 1998. The European forum on integrated environmental assessment. Environmental modeling & assessment,3(3):181-191.

TRESS G,TRESS B,FRY G, 2005. Clarifying integrative research concepts in landscape ecology. Landscape ecology,20(4):479-493.

VAN DELDEN H,SEPPELT R,WHITE R,et al.,2011. A methodology for the design and development of integrated models for policy support. Environmental modelling & software,26(3):266-279.

VAN LTTERSUM M K,EENRT F,HECKELEI T,et al.,2008. Integrated assessment of agricultural systems e a component-based framework for the European Union (SEAMLESS). Agricultural systems,96:150-165.

VOINOV A,FITZ C,BOUMANS R,et al.,2004. Modular ecosystem modeling. Environmental modelling & software,19(3):285-304.

VOINOV A,GADDIS E, 2008. Lessons for successful participatory watershed modeling: a perspective from modeling practitioners. Ecological modelling,216:197-207.

VOINOV A,BOUSQUET F,2010a. Modelling with stakeholders. Environmental modelling & software, 25(11):1268-1281.

VOINOV A, CERCO C, 2010b. Model integration and the role of data. Environmental modelling & software,25(8):965-969.

VOINOV A, SHUGART H, 2013. 'Integronsters', integral and integrated modeling. Environmental modelling & software,39:149-158.

WALTERS C J, 1986. Adaptive Management of Renewable Resources. New York: Macmillan Publishing Co.

WILLIAMS B K,2011. Passive and active adaptive management: approaches and an example. Journal of Environmental management,92:1371-1378.

ZARTARIAN V, XUE J, GLEN G, et al., 2012. Quantifying children's aggregate (dietary and residential)exposure and dose to permethrin: application and evaluation of EPA's probabilistic SHEDS-Multimedia model. Journal exposure science and environmental epidemiology,22:267-273.

第 2 章 土地景观格局变化建模

土地景观格局是理解人类-环境耦合系统变化的核心要素,通过管理土地景观系统,人类可以获取持续的生态系统服务和产品。集成多尺度的土地景观建模成果会为过程驱动的人类-环境耦合系统变化研究提供新视角。集成建模方法可以综合基于局部尺度的复杂系统认识和宏观尺度的经济分析,有助于开发自下而上和自上而下相结合的动态建模方法。通过情景分析,可以实现土地景观研究、政策分析和社会决策等方面的集成。土地景观模型将在面向生态系统服务的土地决策中起到更加重要的作用,模型集成、数据集成、分析和观测过程优化等都是土地景观建模研究的热点。

2.1 土地景观格局分析

2.1.1 土地景观格局概述

土地景观格局及其变化是理解人类和环境相互关系的核心要素(Reenberg,2009)。在自然资源环境本底质量下降的情况下,可以通过合理的土地资源管理为人类社会获取可持续的生态系统产品和服务(MA,2005)。近十多年来,国际地圈生物圈计划(International Geosphere-Biosphere Program,IGBP)和全球变化人文因素计划(International Human Dimensiars Program on Global Environmanetal Change,IHDP)发起的跨学科研究计划"全球变化和陆地生态系统"以及"土地利用和覆被"已经为深入理解土地景观格局及其变化做出了重要贡献(Lambin et al.,2006)。从全球尺度看,土地景观格局在地球系统演变中扮演关键角色(Veldkamp,2009),有关土地景观动态变化和驱动力研究专题发展迅速。其中,全球土地计划(Global Land Project,GLP)将土地系统中人类活动和不断变化的土地系统功能结合起来,提出应该加强:①对土地系统中社会和环境要素之间复杂反馈关系的认识;②局部-区域尺度的土地景观格局变化过程,实现尺度上推(GLP,2005)。

GLP是推动土地景观格局变化研究的综合性研究计划,代表着学科研究的前沿和研究热点。在2002年,IGBP和IHDP首次联合成立了GLP工作组;从2002年1月至2003年4月,工作组在科罗拉多州立大学自然资源生态实验室召开了一系列前期磋商会议;2003年12月,在墨西哥莫雷利亚市召开了土地开放科学会议,与会专家重新回顾和讨论了早先制定的GLP研究框架;开放科学会议工作组随后完成了GLP草案初稿,并由GLP工作组进一步修正该草案;最后,由IGBP和IHDP组织的GLP顾问组对计划的核心内容和完整性做进一步修正并正式颁布。

GLP执行概要包括:地球系统变化主要源于人类对生态系统和景观的改变,并通过这种改变影响生物圈维持生命的能力,人类还开始根据自身需要适应和改变地球系统资源与环境。土地景观利用方式的多样性、高强度性及技术的先进性使得生物地球化学循环、水文过程和景观动力学等发生了显著变化,土地景观和土地管理变化影响生态系统状态、性质和功能,进而影响生态系统服务的供应及人类生存。在局部、区域和全球尺度下,决策制定、生态系统服务和全球环境变化之间的联系定义了人类-环境耦合系统反馈作用的路径。但仍需要深入理解人类活动如何影响陆地生物圈的自然过程,并评估变化后果。在对人类-环境相互作用变化、方式、趋势及地球系统可持续性研究基础上,GLP制定了量测、模拟和理解人类-环境耦合系统的研究目标。

人类-环境耦合系统的变化影响全球尺度的能量、水和生物要素等的循环;同时,全球尺度的政治经济变化(如国际条约和自由市场)也影响局部和区域资源决策。在生态系统水平上直接考虑这些问题,能够更好地理解人类-环境耦合系统变化及其协同作用。GLP关注局部到区域尺度的陆地和淡水系统,并分析人类、生物和自然资源的相互关系,这为研究不同区域的耦合系统脆弱性和持续性提供了整体框架。GLP中与生态系统服务研究密切相关的研究主题有三个。

(1)土地系统动力学:①全球化和人口变化如何影响区域-局部尺度的土地利用决策及其实施;②土地管理决策及实施的变化如何影响陆地和淡水生态系统的生物地球化学循环、生物多样性、生物物理性质及干扰;③全球大气、生物地球化学和生物物理变化如何影响生态系统结构和功能。

(2)土地系统变化后果:①生态系统变化带给地球耦合系统的反馈临界值是什么?②生态系统结构和功能的变化如何影响生态系统服务供给?③生态系统服务如何与人类生存和福祉建立联系?④在不同时空尺度范围内,人类如何对生态系统供给做出响应?

(3)土地可持续性的集成分析和模拟:①土地系统变化的临界路径是什么?②如何诊断基于灾害和干扰的土地系统脆弱性与恢复力,对人类-环境相互作用的变化如何响应?③哪些制度能够加强土地系统可持续性决策的制定和管理?

GLP研究计划表明:区域尺度的研究可以集成生物物理过程和社会维度变化;小尺

度研究(如过程或实例研究、实验和观测等)用于探索生态系统性质和服务、生态系统服务供给和社会结构之间的联系。

从局部和区域尺度看,生态系统服务、决策制定、管理结构、生产和消费、技术和全球环境变化等要素综合地影响人类活动;同时,受全球尺度的反馈作用影响,相关过程可以通过集成人类-环境系统的土地景观变化表征(Lambin et al.,2011)。土地景观格局变化为社会-自然等多学科和交叉学科发展提供了机遇(McNeill,1995)。局部和区域尺度的土地景观格局变化的跨学科研究内容包括:人类活动和社会系统过程的耦合特征(如多自主体结构)、跨尺度决策和土地单元变化过程的耦合特征、时间维度的景观格局变化等(Lambin et al.,2006)。

2.1.2 土地景观格局模拟模型

在 GLP 等多个研究计划引领下,人文-自然耦合过程对土地景观系统的影响研究取得了巨大进步,但仍存在诸多挑战。需要通过跨学科视角进一步理解土地覆盖和利用变化的过程机理,应该将土地景观视为一种人类-环境耦合系统,完善理论、概念、模型和面向环境-社会问题的应用方案。跨学科集成研究为土地景观模型研究提供了技术和方法支撑,与此相关的研究主要包括:①如何利用实验和历史数据库分析土地景观格局变化?②如何通过集成建模方法和生态系统服务框架检验土地景观功能和相关的决策假设?③如何通过已有土地景观研究认识和预测未来景观的演变?

1. 土地景观变化的经验模型

土地景观变化已成为表征人类-环境耦合系统的重要研究领域。例如,社会-生态长期研究计划(long-term socio-ecological research,LTSER)为集成自然和社会科学提供了可用的研究范例(Collins et al.,2011;Haberl et al.,2006;Redman et al.,2004),LTSER研究重点包括社会-生态系统新陈代谢(耦合系统的物质和能量流)、土地利用变化、管理决策过程等(Haberl et al.,2006)。此外,相关研究还包含:土地利用模式变化、土地覆盖变化、陆面过程的气候-碳通量变化、全球变化背景下的农业粮食、纤维和生物量生产与消费、粮食安全和生态系统功能等(Mooney et al.,2009;Gallopín,2006)。历史研究生产了复杂的、空间显式的多尺度数据集,为重新解释和定义土地景观变化和现状提供了可能性(Klein et al.,2011;Haberl et al.,2007)。

特定时间尺度的土地利用变化是大尺度土地景观-环境条件变化的关键因子(Foley et al.,2005;Gutmann et al.,2005)。大范围人类活动使土地景观初始条件显著变化,但土地景观变化受自然-人文耦合过程共同影响,现有基于生物物理参数的遥感特征分析不能完整体现土地社会经济功能影响下的土地景观变化(Verburg et al.,2009)。生物物理-社会经济过程形成的物质能量流是理解土地景观变化的关键(Krausmann et al.,2003),同时,还应关注影响景观的文化层面。在土地景观管理中,要进一步关注决策制定过程、制度和管理模式等问题(Young et al.,2008;Nagendra,2007)。现有景观格局通常是历史格局、过程和决策的结果,基于过去和当下的土地景观经验分析为基于生物物理和社会经济过程的土地景观研究提供有参考,有助于开展更复杂的多时空尺度社会经济-生态过程耦合分析(Reenberg,2009)。

已有经验分析案例对基于不同尺度、制度模式、社会经济条件的土地景观格局研究相对匮乏。随着遥感技术的快速发展,卫星影像分析和计算机建模技术不断提高,不断提高的分析技术为土地景观变化研究提供了新思路,但构建相关的经验分析框架仍是重要挑战。以农业土地景观研究为例,全球尺度谷物产量自1961年至今已经增加了2.5倍左右,但多源监测数据表明种植谷物的土地面积相对保持稳定,这表明谷物增产主要受种植密度增加、技术进步(如改变作物栽培技术)、化肥投入、杀虫剂喷洒、机械和灌溉方等要素影响(Alston et al.,2009;IAASTD,2009)。同时,对农业土地景观变化强度也存在不同看法:如投入增加(能源、化肥或水等)论、产出增加(单位面积年产量等)论和管理实践(作物轮耕、休耕和种植密度等)论。此外,有研究强调景观变化强度导致的负面环境影响,如营养物渗漏、土壤退化、高密度种植导致的生物多样性损失(IAASTD,2009),还有强调潜在土地节约产生的积极效应和耕作技术进步等(Phalan et al.,2011;Burney et al.,2010)。更新经验认识和创新方法(如开发用于测量和绘制土地景观现状的生物物理指标)是土地景观变化研究的趋势之一(Temme et al.,2011;Erb et al.,2009)。尽管已有研究提高了人类对农业土地景观变化的科学认识,但仍缺乏通用的土地景观变化研究框架。

2. 土地景观变化的机理模型

机理模型在土地景观和复杂相互作用分析中占据主导地位,机理模型提供了一种分析复杂土地系统变化的人工实验工具。机理模型可以用于评价政策效果,为具体的景观规划提供决策参考。从已有研究看,未来的土地景观变化将明显受政策影响,如农业政策改革、贸易自由化和自然保护等,但也受基本能源政策和气候变化适应性对策的影响(Popp et al.,2010;Rounsevell et al.,2009)。近十年来,基于决策制定(如基于自主体的模型)的土地景观变化建模研究发展迅速,但很少有研究成果能最终用于政策和规划制定(Matthews et al.,2007;Verburg et al.,2006;Parker et al.,2003)。单独的自主体模型不能有效反映多尺度人类-环境系统的复杂相互作用(Manson,2007),机理建模开始注重集成自上而下与自下而上的方法。具体发展趋势是:开发集成模型和综合多种时空尺度的数据源(Gaube et al.,2009;Turner et al.,2007;Crawford et al.,2005),通过宏观经济学或集成评价模型分析决策产生的宏观效应(Heisterman et al.,2006)。

经济模型:经济模型可以直接反映决策制定效果,通过经济价格机制实现土地需求、供给和贸易过程的集成(Kuhn,2003),但经济计量方法受自然资源限制,模型很难反映实际土地变化过程产生的需求,模型过度强调价格机制。在一些成熟的经济学模型(如一般均衡模型)中,土地通常是生产过程中的限制因素,但通过经济学方法比较不同生产关系时将其看成内生变量(Lotze-Campen et al.,2010)。而且模型模拟的多是集总结果,很难与空间显式的土地景观变化进行联动分析。

自主体模型：自主体模型为复杂决策制定过程模拟提供了建模框架(Matthews et al.,2007;Janssen et al.,2006;Parker et al.,2003)。自主体最早始于20世纪70年代的人工智能研究,在社会科学和土地系统科学中快速发展(Gaube et al.,2009;Evans et al.,2004)。早期的自主体模型利用简单的规则反映个体行为,目前在往复杂性的模型方向发展,程序针对性不断增强(Manson et al.,2007;Janssen et al.,2006)。尺度上推的自主体模型一般用于土地管理和政策制定研究,与宏观水平的模型集成的案例应用研究仍相对匮乏。

集成模型：土地景观变化的模拟模型研究案例表明,已有单一模型很难揭示跨尺度土地景观变化的关键过程(何春阳 等,2005;刘纪远 等,2002)。集成模型开发研究仍处在起步阶段,耦合和集成已有模拟模型是一种可行方法(邓祥征,2008)。集成建模方法可用于分析不同时空尺度社会经济和环境耦合过程,并开始注重基于结果的多样性策略分析。例如,通过在经济模型中嵌入土地分配机制,利用土地需求和价格信息精细地模拟土地景观格局(Rounsevell et al.,2006);或通过与经济模型嵌套来反映各种宏观资源要素对土地景观格局变化的限制(Darwin,2009)。上述集成模拟模型已开始用于全球尺度的农业生产研究(Verburg et al.,2011;Eickhout et al.,2007)。

从地理学视角看,土地景观格局分析始终基于供给和空间显式的角度考虑,这反映了土地空间属性和土地资源的限制。同时,土地景观管理变化的研究需要借助环境-人类福祉研究的范式,单独通过土地覆盖变化研究很难解决复杂问题(Ellis et al.,2010)。集成研究方法用于分析不同尺度的社会经济和环境耦合过程,追求多样性建模策略。近些年来的研究开始刻画土地耦合系统的各种反馈关系,并关注和模拟系统自组织现象。

3. 面向生态系统服务的分布式土地景观模拟模型

自然生态系统为人类社会提供了巨大的生态系统服务和产品,如食物、纤维、清洁水、干净土壤和碳存储等,人类福祉变化取决于持续的生态系统服务供给(MEA,2005;Daily et al.,2000)。基于土地景观政策、管理模式和土地规划的多种生态系统服务建模框架已开始出现,如全球尺度(Naidoo et al.,2008)、区域尺度(Reyers et al.,2009;Willemen et al.,2008)和景观尺度(Naidoo et al.,2006)的研究案例等,相关研究有助于理解多种生态系统服务变化与景观驱动力(Bennett et al.,2007)、土地系统变化建模(Verburg et al.,2009)和可持续性土地利用规划(Turner et al.,2007)之间的关系,并逐渐形成不同的建模方法。

一是生态系统服务空间制图方法。该方法假设土地覆盖或土地利用能够体现生态系统服务功能,如每种土地利用类型对应特定的生态系统服务值,通过更新的土地利用图获取具体变化(Burkhard et al.,2009)。但生态系统服务不仅受土地景观类型影响,还受生物物理因素(如研究区地形地貌、土壤类型等)和管理因素(如农业投入、放牧强度、采伐等)驱动(Schröter et al.,2005)。

另一种方法是基于不同生态系统功能构建生态过程模型,根据空间显式的模拟结果分析(Quétier et al.,2009;Metzger et al.,2008)。开发接近真实的模拟模型是建模研究面临的挑战(Lavorel et al.,2011;Eigenbrod et al.,2010)。生态系统服务功能评估还受个人或社会群体关注目标和对象的影响,利益相关者对不同土地景观的服务和产品偏好不同,并且存在部门和区域差异(Seppelt et al.,2011;Locatelli et al.,2010),需要权衡分析。

权衡分析试图比较科学实验证据和潜在不同尺度的空间显式估值信息,以发现潜在冲突和解决办法。在面向生态系统服务的土地景观模型开发研究中,可用的权衡方法有:线性规划,如土地景观变化的生物物理和经济学分析(Bouman et al.,1999);多准则分析(MCA)方法,在特定过程中集成利益相关者观念和兴趣(如 Janssen et al.,2007;Strager et al.,2006;Brown et al.,2001)。在脆弱性评价和土地景观保护研究中已出现 MCA 应用案例(Strager et al.,2006;Tran et al.,2004),为权衡分析提供了更广阔的研究视野。通过权衡分析可以研究不同时空尺度的土地景观格局变化,也可以考虑利益相关者的兴趣和目标(Polasky et al.,2011;Bennett et al.,2003)。

第三种方法是情景分析,用于分析人类活动对环境影响的不确定性(Rounsevell et al.,2010),是政策制定的重要环节。多数情景分析方法都侧重于提供可选择的未来情景(Rounsevell et al.,2006;MEA,2005;)。但决策制定者多对该方法并不满意,因为研究往往不是决策者关心的问题,很难提供针对社会-政策目标的通用权衡分析框架。

多数情景方法都关注未来可能出现的图景或趋势(Rounsevell et al.,2010)。如刻画系统演化路径的回溯方法。针对特定政策目标,通过描述现有思路和测量方法得到未来的图景和可能的障碍。在环境评估研究领域,情景分析主要用于政策分析与模拟,但对发展路径的解释不够重视。情景分析的局限在于中长期的不确定性,优势是可以提供系统变化阈值。如何将结构化情景分析技术应用到土地景观资源管理中是研究难点。

2.2　土地景观格局建模的挑战

2.2.1　土地景观格局建模的核心问题

综述发现,集成不同时空尺度的土地系统过程的观测和建模方法是当前集成建模研究重点。建模过程也与利益相关者密切联系,需要加强建模过程与基于实证和问题导向的科学政策之间的联系。结构化建模方法将有助于收集利益相关者对土地利用规划、自然资源管理和决策制定等问题的认识,核心问题有:①通过现有环境和管理条件的理论综合和创新,能否影响可持续性资源管理和土地利用政策制定?②如何通过集成模型方法表征导致土地利用变化的社会经济和生态过程?③面向土地景观变化和生态系统服务的资源管理阈值研究中,如何集成自下而上和自上而下的建模方法与工具?研究上述问题将有助于更好的理解未来土地系统变化和生态系统服务可持续供给之间的关系(图 2.1)。

目前,土地景观格局变化建模中的核心科学问题是:①如何分析中长期研究中的模型不确定性问题?②如何考虑对未来土地利用变化的可解释性?技术核心问题是:①如

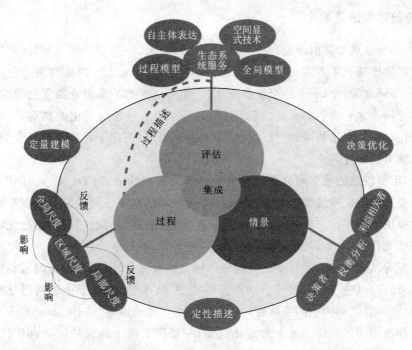

图 2.1　集成生态系统服务与景观格局过程-评估-情景的概念框架

何开发通用的建模工具？②是否可以开发合理的管理工具（Phaal et al.，2004）？上述问题具有共通点。首先，都需要定义研究范围和边界条件；其次，要在原有研究基础上有重点的提高和创新。

2.2.2　建模面临的挑战和潜在解决途径

1. 情景建模的挑战

在开发情景框架时，要将可解释的未来情景和定量模型连接起来，并考虑未来的不确定性。可能的途径有：①通过定义关键路径取得所需结果；②加深利益相关者在情景构建、权衡分析中的作用；③提高现有研究技术，以实现不同土地管理情景影响下的生态系统服务供给和权衡分析；④明确分析未来土地资源管理过程中的政策制定特点。

上述挑战的核心是如何获取不同利益相关者（决策者、企业和其他利益相关者等）对土地利用（自然环境等）的认识。情景研究中已开始出现参与式建模方法（Metzger et al.，2010；Nilsson et al.，2009；Volkery et al.，2008），可以为研究提供多种选择策略；另一种常见方法是通过文献综述的方法获取利益相关者价值取向。此外，定量研究方法也可以应用到建模研究中。通过综合上述研究方法有利于反映科学问题，有针对性，能更好地实现基于过程的决策分析。

2. 经验建模的挑战

首先，土地景观变化的经验建模需要理解决策概念，特别是分别引起局部、区域和全球尺度变化的土地管理方式；其次，社会经济和生态驱动力之间的反馈关系也比较难理解，尤其是不同政策、全球化、社会经济变化、文化等对生态系统服务需求的影响效应等。通过定性分析土地管理者的属性或偏好，有助于连接土地景观变化的驱动力、决策过程和土地变化动态。定量数据和空间信息（如土地利用图）可用于评价土地景观变化、尺度推绎和区域对比研究等。

定性/定量信息的收集和分析是开展经验研究案例的前提（Young et al.，2008）。经验研究需要重视土地系统变化的主要驱动力，这为评估基于土地系统的生态系统服务和景观变化提供理论支撑。上述研究一般要尺度上推，强调"矢量化"的动态变化，例如，该因子的速度变化、方向和时空尺度都存在明显差异（Gibson et al.，2000）。大尺度土地景观变化研究为认识土地景观格局的空间分布模式研究提供了机会，也为国家和地区合作创造了机会。可以通过在宏观经济动态分析模型、技术变化、基于土地利用分配的区域模拟模型、土地管理和内生的生物物理条件间建立显著的联系（Carpenter et al.，2009）。

另一种重要的经验研究是土地变化制图，一般更关注土地保护问题，但对土地利用强度变化不够重视（Hill et al.，2008）。土地变化制图方法的一个重要趋势是基于遥感影像的土地利用强度变化分析（Kuemmerle et al.，2009；Röder et al.，2008）。此外，利用物质能量流来连接土地利用和覆盖模式的研究方法也可以用于理解土地利用强度变化，一般通过绘制人类可占用的净初级生产力比例（human appropriation of net primary production，HANPP）获得（Haberl et al.，2009）；也可以通过空间显式的方式集成土地生产和消费过程，以此理解土地景观变化问题，如全球尺度的生物能潜力评估（Haberl et al.，2010）。

3. 集成建模的挑战

土地景观集成建模主要包括：①通过使用定量方法和模型，更好的理解导致土地景观变化的驱动力和关键过程；②通过可用的建模和评估框架分析土地景观变化过程。土地景观集成模型为认识土地系统功能提供了巨大帮助，摆脱了单一的定性分析方法，同时，集成模型从单一的学科领域（农业过程等）的土地景观研究转向集成土地管理。

自下而上的土地利用模型可以提供不同环境和政策条件下自主体对模型的响应和适应过程，自上而下的模型可以提供市场、土地价格、投资政策和气候适应性策略等宏观尺度变化对土地景观系统的影响。集成是模型发展的必然趋势，多模型方法可以提供多种土地利用模型，也减少了过度复杂的整体性模型应用。结合自下而上和自上而下的建模方式能更好地反映土地系统宏观变化和系统关键反馈作用，最终更全面地反映土地系统。多自主体模型可提供土地管理者信息（Parker et al.，2003），用于响应不断变化的生态系统服务供给，自上而下的评估也可利用自下而上的模型结果。此外，人类对情景状况和土地管理措施的响应更多依赖于区域特征、文化历史和其他因素,模型的土地利用分配机制应更具有针对性。集成框架应体现出土地系统中不同尺度和部门的作用,多模型耦合框架是相对合理和有效的一种发展趋势,不同模型集的数据和知识共享为集成模型提供了可能。

基于未来情景的土地景观集成模拟模型需要包含更多的建模要素,如气候、社会、经济和技术变化等。一些要素对模型结果的影响需要做长时间序列的模拟分析,如气候变化和相关政策、投资和技术变化等。为了完成长时间序列的模型模拟,必须开发相应的预测技术和方法。同时,长时间序列的结果分析会产生不确定性(Rounsevell et al.,2012),因此还需要发展基于特定时空尺度的模型参数化方案,以更好地应对模型不确定性问题。可以将生态系统服务作为土地景观功能变化的一种测量指标,用于定量的开展土地系统评估。基于土地景观变化的生态系统服务一般可以采用实物型或非实物型的商品和服务进行表征。但仍缺乏科学评估生态系统服务变化和权衡关系的通用研究框架。

4. 潜在的解决途径

在复杂的土地景观变化过程中,不同的驱动力和控制因素可能会产生相同的土地景观格局,或者类似的过程会产生截然不同的结果。已有的单一观测模式很难解释土地景观变化的本质,应综合使用经验分析和模型模拟等研究手段,全面地探讨土地景观变化的现象和原因。模型可以用于分析演化路径,但必须符合实际情况,并且应具有可重复性和可观测性等建模特征,集成多种土地系统方法有助于实现上述目的。

土地系统科学的重要方法是模型(地图、情景和观测数据等),集成不同尺度的土地利用模型需要考虑尺度和土地资源的政策管理。集成模型可以生产大量的图数据,但这种"大数据"的输出也有其局限性,如大量研究案例表明,模型输出结果的有效性和真实性很难验证。因此,建模的前提是必须了解研究区实际情况和风险评估。模型结果需要模型开发者和利益相关者共同评价,建模过程中应该重视"利益相关者-模型输入-运行-输出"的过程模拟,以此降低模型误差,这是已有建模不足的方面。

通过发展可持续的多功能土地利用策略将有助于综合分析土地景观和生态系统服务变化关系,并产生不同决策的权衡问题。多种国际学术会议与公约也对土地景观建模研究有重要影响,如生物多样性公约、联合国气候变化协议等。在已有碳减排框架下,欧盟打算到 2020 年使用 20% 的新能源,以达到减排目标。为实现该目标,必然会大量增加基于生物质的能源生产(欧盟生物能源法等),相关政策将对不同土地景观类型的自然资源管理产生持续影响。例如,木质生物量使用增加,将导致森林生态系统服务产出增加,但会对生物多样性保护增添压力(Verkerk et al.,2011),也会对气候变化产生一定影响(Searchinger et al.,2009)。

2.3 小　　结

本章主要强调土地景观变化建模问题。通过集成分析和历史土地利用数据库,可以实现人类-环境交互作用的耦合分析。为此,实验分析和模型模拟要用于开发不同时空尺度下土地景观变化驱动力。基于生态系统服务的集成建模框架会为土地系统功能和决策分析提供帮助,对未来的土地景观变化预测产生正反馈作用。在综述基础上提出了面向生态系统服务的土地景观格局建模框架,其面临的主要挑战是多模型集成,这也是土地景观模型发展的趋势,同时还要兼顾土地系统管理的决策制定。因为,土地景观在许多全球和局部尺度的决策过程中起着关键作用。可持续的土地利用策略会为理解政策如何影响土地利用和生态系统服务提供帮助。通过共享决策制定者、建模者和利益相关者的知识,可以增加可持续的土地系统管理。最后,土地景观建模研究的发展取决于集成建模框架和集成建模技术的发展、实验和观测数据的综合、分析观测过程和计算机模拟分析等。

参 考 文 献

邓祥征,2008. 土地系统动态模拟. 北京:中国大地出版社.

何春阳,史培军,陈晋,2005. 基于系统动力学模型和元胞自动机模型的土地利用情景模型研究. 中国科学(D辑):地球科学,35(5):464-473.

刘纪远,刘明亮,庄大方,等,2002. 中国近期土地利用变化的时空格局分析. 中国科学(D辑):地球科学,32:1031-1040.

ALSTON J M, BEDDOW J M, PARDEY P G, 2009. Agricultural research, productivity, and food prices in the long run. Science, 325:1209-1210.

BENNETT E M, CARPENTER S R, ZUREK M, et al., 2003. Why global scenarios need ecology. Frontiers in ecology,1:322-329.

BENNETT E M, BALVANERA P, 2007. The future of production systems in a globalized world. Frontiers in ecology and the environment,5(4):191-198.

BOUMAN B A M, JANSEN H G P, SCHIPPER R A, et al., 1999. A framework for integrated biophysical and economic land use analysis at different scales. Agriculture, ecosystems and environment,75(1-2):55-73.

BROWN K, ADGER W N, TOMPKINS E, et al., 2001. Tradeoff analysis for marine protected area management. Ecological economics,37:417-434.

BURKHARD B, KROLL F, MÜLLER F, et al., 2009. Landscapes' capacities to provide ecosystem services-a concept for land-cover based assessments. Landscape online,15:1-22.

BURNEY J A, DAVIS S J, LOBELL D B, 2010. Greenhouse gas mitigation by agricultural intensification. Proceedings of the national academy of sciences of the United States of America,107:12052-12057.

CARPENTER S R, MOONEY H A, AGERD J, et al., 2009. Science for Managing Ecosystem Services: Beyond the Millennium Ecosystem Assessment. Proceedings of the national academy of sciences of the United States of America,106:1305-1312.

COLLINS S L,CARPENTER S R,SWINTON S M,et al.,2011. An integrated conceptual framework for long-term social-ecological research. Frontiers in ecology and environment,9:351-357.

CRAWFORD T W,MESSINA J P,MANSON S M,et al.,2005. Complexity science,complex systems, and land-use research. Environment and planning B:planning and design,32:792-798.

DAILY G C,SODRQUIST T,ANIYAR S,et al.,2000. The value of nature and the nature of value. Science,289:395-396.

DARWIN R F,1999. A FARMer's view of the Ricardian approach to measuring effects of climatic change on agriculture. Climatic change,41(3-4):371-411.

EICKHOUT B,VAN MEIJL H,TABEAU A,et al.,2007. Economic and ecological consequences of four European land use scenarios. Land use policy,24:562-575.

EIGENDROD F,ARMSWORTH P R,ANDERSON B J,et al.,2010. The impact of proxy-based methods on mapping the distribution of ecosystem services. Journal of applied ecology,47:377-385.

ELLIS E C,KLEIN GOLDEWIJK K,SIEBERT S, et al., 2010. Anthropogenic transformation of the biomes,1700 to 2000. Global ecology and biogeography,19(5):589-606.

ERB K H,KRAUSMANN F,GAUBE V,et al.,2009. Analyzing the global human appropriation of net primary production-processes, trajectories, implications: an introduction. Ecological economics,69(2): 250-259.

EVANS T P,KELLY H,2004. Multi-scale analysis of a household level agent-based model of land cover change. Journal of environmental management,72(1-2):57-72.

FOLEY J A,DEFRIES R,ASNER G P, et al., 2005. Global consequences of land use. Science, 309 (5734):570-574.

GALLOPÍN G C, 2006. Linkages between vulnerability, resilience and adaptive capacity. Global environmental change,16(3):293-303.

GAUBE V,KAISER C,WILDENBERG M,et al.,2009. Combining agent-based and stock-flow modeling approaches in a participative analysis of the integrated land system in Reichraming,Austria. Landscape ecology,24:1149-1165.

GIBSON C C,OSTROM E,AHN T K,2000. The concept of scale and the human dimensions of global change:a survey. Ecological economics,32:217-239.

GLP,2005. Science Plan and Implementation Strategy IGBP Report No. 53/IHDP Report No. 19. Stockholm:IGBP Secretariat.

GUTMANN M P,DEANE G,LAUSTER N,et al.,2005. Two population-environment regimes in the great plains of the United States,1930-1990. Population and environment,27(2):191-225.

HABERL H,WINIWATER V,ANDERSSON K,et al.,2006. From LTER to LTSER:conceptualizing the socioeconomic dimension of long-term socioecological research. Ecology and society,11(2):13.

HABERL H, ERB K H, KRAUSMANN F, et al., 2007. Quantifying and mapping the human appropriation of net primary production in earth's terrestrial ecosystems. Proceedings of the national academy of sciences of the United States of America,104:12942-12947.

HABERL H, ERB K H, KRAUSMANN F, et al., 2009. Using embodied HANPP to analyze teleconnections in the global land system:conceptual considerations. Geografisk tidsskrift,109(1):119-130.

HABERL H,BERINGER T,BHATTCAHARYA S C,et al.,2010. The global technical potential of bio-energy in 2050 considering sustainability constraints. Current opinion in environmental sustainability,2 (6):394-403.

HEISTERMAN M., Müller C, Ronneberger K, 2006. Land in Sight? Achievements, deficits and potentials of continental to global scale land-use modelling. Agriculture, ecosystems and environment, 114:141-158.

HILL J, STELLMES M, UDELHOVEN T, et al., 2008. Mediterranean desertification and land degradation. Mapping related land use change syndromes based on satellite observations. Global and planetary change,64:146-157.

IAASTD, 2009. Agriculture at a Crossroads. International Assessment of Agricultural Knowledge, Science and Technology for Development (IAASTD),Global Report. Washington D C:Island Press.

JANSSEN R,HERWIJNEN M,VAN STEWART T J,et al.,2007. Multi-objective decision support for land use planning. Environment and planning B,34.

JANSSEN M A, OSTROM E, 2006. Empirically based, agent-based models. Ecology and society, 11(2):37.

KLEIN G K,BEUSEN A,DE VOS M,et al.,2011. The HYDE 3.1 spatially explicit database of human induced land use change over the past 12,000 years. Global ecology and biogeography,20(1):73-86.

KRAUSMANN F, HABERL H, SCHULZ N B, et al., 2003. Land-use change and socio-economic metabolism in Austria Part I:driving forces of land-use change:1950-1995. Journal of land use policy, 20(1):1-20.

KUEMMERLE T,HOSTERT P,ST-LOUIS V,et al.,2009. Using image texture to map field size in Eastern Europe. Journal of land use science,4:85-107.

KUHN A, 2003. From World Market to Trade Flow Modelling-the Re-Designed WATSIM Model. WATSIM AMPS-Applying and Maintaining the Policy Simulation Version of the World Agricultural Trade Simulation Model,Bonn:University of Bonn.

LAMBIN E,GEIST H J,RINDFUSS R R,2006. Introduction:Local Processes with Global Impacts// Lambin E,Geist H J, eds. Land-Use and Land-Cover Change. Local Processes and Global Impacts. Berlin:Springer Verlag:1-8.

LAMBIN E F,MEYFROIDT P,2011. Global land use change, economic globalization, and the looming scarcity. Proceedings of the national academy of sciences of the United States of America,108(9): 3465-3472.

LAVOREL S,GRIGULIS K,LAMARQUE P,et al.,2011. Using plant functional traits to understand the landscape scale distribution of multiple ecosystem services. Journal of Ecology,99:135-147.

LOCATELLI B, IMBACH P, VIGNOLA R, et al., 2010. Ecosystem services and hydroelectricity in Central America: modelling service flows with fuzzy logic and expert knowledge. Regional environmental change,11:393-404.

LOTZE-CAMPEN H,POPP A,BERINGER T,et al.,2010. Scenarios of global bioenergy production:the trade-offs between agricultural expansion, intensification and trade. Ecological modelling, 221: 2188-2196.

MANSON S M,EVANS T,2007. Agent-based modeling of deforestation in southern Yucatan Mexico, and reforestation in the Midwest United States. Proceedings of the national academy of sciences of the United States of America,104:20678-20683.

MATTHEWS R, GILBERT N, ROACH A, et al., 2007. Agent-based land-use models: a review of applications. Landscape ecology,22:1447-1459.

McNEILL D,1995. The challenge of inter-disciplinary and policy-oriented research. University of Oslo, Centre for the Development and the Environment(SUM).

MEA, 2005. Millennium Ecosystem Assessment Synthesis Report. Washington D C: Island Press.

METZGER M, SCHRÖTER D, LEEMANS R, et al., 2008. A spatially explicit and quantitative vulnerability assessment of ecosystem service change in Europe. Regional environmental change, 8: 91-107.

METZGER M J, ROUNSEVELL M, VAN DEN HEILIGENBERG H, et al., 2010. How personal judgement influences scenario development: an example for future rural development in Europe. Ecology and society, 15: 5.

MOONEY H, LARIGAUDERIE A, CESARIO M, et al., 2009. Biodiversity, climate change, and ecosystem services. Current opinion in environmental sustainability, 1: 46-54.

NAGENDRA H, 2007. Drivers of reforestation in human-dominated forests. Proceedings of the national academy of sciences of the United States of America, 104: 15218-15223.

NAIDOO R, Ricketts T, 2006. Mapping the economic costs and benefits of conservation. PLoS Biology, 4: 2153-2164.

NAIDOO R, BALMFORD A, COSTANZA R, et al., 2008. Global mapping of ecosystem services and conservation priorities. Proceedings of the national academy of sciences of the United States of America, 105: 9495-9500.

NILSSON K S B, NIELSEN T A S, PAULEIT S, 2009. Integrated European research on sustainable development and peri-urban land use relationships. Urbanistica, 138: 106-110.

PARKER D C, MANSON S M, JANSSEN M A, et al., 2003. Multi-agent systems for the simulation of land-use and land-cover change: a review. Annals of the association of American geographers, 93(2): 314-337.

PHAAL R, FARRUKH C J P, PROBERT D R, 2004. Technology roadmapping-a planning framework for evolution and revolution. Technological forecasting and social change, 71: 5-26.

PHALAN B, BALMFORD A, GREEN R E, et al., 2011. Minimising the harm to biodiversity of producing more food globally. Food policy, 36: S62-S71.

POLASKY S, NELSON E, PENNINGTON D, et al., 2011. The impact of land-use change on ecosystem services, biodiversity and returns to landowners: a case study in the state of Minnesota. Environmental and resource economics, 48(2): 219-242.

POPP A, LOTZE-CAMPEN H, BODIRSKY B, 2010. Food consumption, diet shifts and associated non-CO2 greenhouse gas emissions from agricultural production. Global environmental change, 20: 451-462.

QUÉTIER F, LAVOREL S, DAIGNEY S, et al., 2009. Assessing ecological and social uncertainty in the evaluation of land-use impacts on ecosystem services. Journal of land use science, 3: 173-199.

REENBERG A, 2009. Land system science: Handling complex series of natural and socio-economic processes. Journal of land use science, 4: (1-2): 1-4.

REDMAN C L, GROVE J M, KUBY L H, 2004. Integrating social science into the long-term ecological research (LTER) network: social dimensions of ecological change and ecological dimensions of social change. Ecosystems, 7: 161-171.

REYERS B, O'FARRELL P J, COWLING R M, et al., 2009. Ecosystem services, land-cover change, and stakeholders: finding a sustainable foothold for a semiarid biodiversity hotspot. Ecology and society, 14 (1): 38.

RÖDER A, UDELHOVEN T, HILL J, et al., 2008. Trend analysis of Landsat-TM and-ETM+ imagery to monitor grazing impact in a rangeland ecosystem in Northern Greece. Remote sensing of environment, 112: 2863-2875.

ROUNSEVELL M D A, REGINSTER I, ARAÚJO M B, et al., 2006. A coherent set of future land use change scenarios for Europe. Agriculture, ecosystems and environment, 114: 57-68.

ROUNSEVELL M D A, REAY D S, 2009. Land use and climate change in the UK. Land use policy, 26: 160-169.

ROUNSEVELL M D A, METZGER M J, 2010. Developing qualitative scenario storylines for environmental change assessment. Wiley interdisciplinary reviews climate change, 1: 606-619.

ROUNSEVELL M D A, ROBINSON D, MURRAY-RUST D, 2012. From actors to agents in socio-ecological systems models. Philosophical transactions of the royal society B, 367: 259-269.

SCHRÖTER D, CRAMER W, LEEMANS R, et al., 2005. Ecosystem service supply and human vulnerability to global change in Europe. Science, 310: 1333-1337.

SEARCHINGER T D, HAMBURG S P, MELILLO J, et al., 2009. Fixing a critical climate accounting error. Science, 326: 527-528.

SEPPELT R, DORMANN C F, EPPINK FV, et al., 2011. A quantitative review of ecosystem service studies: approaches, shortcomings and the road ahead. Journal of applied ecology, 48: 630-636.

STRAGER M P, ROSENBERGER R S, 2006. Incorporating stakeholder preferences for land conservation: weights and measures in spatial MCA. Ecological economics, 58: 79-92.

TEMME A J A M, VERGURG P H, 2011. Mapping and modelling of changes in agricultural intensity in Europe. Agriculture, ecosystems and environment, 140: 46-56.

TRAN L T, KNIGHT C G, O'NEILL R V, et al., 2004. Integrated environmental assessment of the Mid-Atlantic region with analytical network process. Environmental monitoring and assessment, 94: 263-277.

TURNER B L, LAMBIN E F, REENGERG A, 2007. The emergence of land change science for global environmental change and sustainability. Proceedings of the national academy of sciences of the United States of America, 104(52): 20666-20671.

VELDKAMP A, 2009. Investigating land dynamics: future research perspectives. Journal of land use science, 4: 7-15.

VERBURG P H, ROUNSEVELL M D A, VELDKAMP A, 2006. Scenario-based studies of future land use in Europe. Agriculture, ecosystems and environment, 114: 1-6.

VERBURG P H, VAN DE STEEG J, VELDKAMP A, et al., 2009. From land cover change to land function dynamics: a major challenge to improve land characterization. Journal of environmental management, 90(3): 1327-1335.

VERBURG P H, NEUMANN K, NOL L, 2011. Challenges for land use data in climate assessments. Global change biology, 17(2): 974-989.

VERKERK P J, LINDNER M, ZANCHI G, et al., 2011. Assessing impacts of intensified biomass removal on deadwood in European forests. Ecological indicators, 11: 27-35.

VOLKERY A, RIBERIRO T, HENRICHS T, et al., 2008. Your vision or my model? Lessons from participatory land use scenario development on a European scale. Systemic practice and action research, 21: 459-477.

WILLEMEN L, VERBURG P H, HEIN L, et al., 2008. Spatial characterization of landscape functions. Landscape and urban planning, 88: 34-43.

YOUNG M N, PENG M W, AHLSTROM D, et al., 2008. Corporate governance in emerging economies: a review of the principal-principal perspective. Journal of management studies, 45(1): 196-220.

第 3 章 生态系统服务集成建模

前两章集成环境建模与土地景观变化建模的综述表明,生态系统服务集成建模框架是地学领域研究热点,可用于耦合人类-环境复杂生态系统的多种过程。本章提出一种通用的生态系统服务集成建模框架,并从"土地景观格局-生态系统服务-人类需求-景观变化驱动力"反馈环的理论层面对生态系统服务和土地景观耦合过程进行综述。尽管引入土地景观格局分析会增加生态系统服务集成框架的复杂性,但完整的建模框架能为跨尺度的生态系统服务与景观格局集成建模提供理论支持,为生态系统服务和决策搭建桥梁。

3.1 生态系统服务集成建模的概念框架

3.1.1 生态系统服务功能概述

全球化和人口持续增长对环境的影响日益加剧,人类从生态系统获取的生态系统服务(ecosystem services,ES)需求(食物、纤维、清洁空气和水等)也在不断增加,生态系统服务与人类活动的关系成为研究热点。描述性和验证性生态系统服务框架研究开始起步(MEA,2005;De Groot et al.,2002;Costanza et al.,1997),相关框架主要关注地表自然过程,对人文因素过程考虑不足,人文因素已成为人类-环境耦合系统演变的重要驱动力。基于自然-人文耦合过程的生态系统服务集成建模框架可以为环境决策分析和环境政策制定提供理论与方法支撑(Turner et al.,2008;Swinton et al.,2007;Daily,1997)。

构建完整的生态系统服务集成框架还存在诸多障碍,如第 1 章讨论的跨学科问题(土地系统科学、生态学、经济学和社会科学等)和土地景观变化的不确定性等。土地景观系统是典型的自然资本,能为人类提供有用的生态系统产品和服务(李文华,2008;Costanza et al.,1992)。但生态系统服务内涵仍存在争论,如生态系统服务"功能""过程"等概念的定义和研究范畴等(Costanza,2008;Fisher et al.,2008;Wallace,2007)。另外,缺乏从整体性视角分析不同服务和自然资本物质/价值流关系的研究。生态系统服务功能分类为建立集成框架提供理论基础,对代表性的生态系统服务功能分类进行总结(表 3.1)。

表 3.1　代表性的生态系统服务功能分类

生态系统服务功能	生命保障	生产	调节	栖息地	支持	文化和信息
De Groot(1992)	调节功能	生产功能	调节功能	栖息地功能		信息功能
Noël 等(1998)	生命保障	源	汇	生境		风景
Daily(1999)	再生过程	产品生产	稳态过程			生命与选择权
Ekins 等(2003)	生命保障	源	汇			健康和福祉
MEA(2005)	支持服务	供给服务	调节服务			文化服务
De Groot(2006)	调节功能	生产功能	调节功能	栖息地功能	承载功能	信息功能

Noël 等(1998)指出,生态系统功能是指"由自然系统提供的支持经济活动或人类财富的特定作用或服务",并将其分为 5 类,即"5S 系统"。De Groot(1992)分类系统将生态系统功能定义为"自然系统结构和过程直接或间接地提供满足人类所需各种产品和服务的能力",并将这些功能划分为 4 种类型:调节功能、栖息地功能、生产功能和信息功能。Costanza 等(1997)将生态系统服务功能细化为 17 种产品和服务类型,该提法包含了 De Groot(1992)分类系统中提到的大部分功能。Daily(1999)也提出了一种包含 5 类服务的"生态系统服务框架"。上述主要分类都对生物多样性作用的认识仍存在局限性,分类概念也存在重叠之处,例如,De Groot(1992)分类系统的生产功能与 Noël 等(1998)提出的"源"功能内涵一致。

De Groot 等(2003)在已有基础上细化和定义了 23 种生态系统服务功能,后来增加了承载功能:"为实现其他功能提供必要的调节功能"(De Groot,2006)。Ekins 等(2003)提出的分类系统与 Noël 等(1998)类似,认为环境可持续发展必须基于自然系统的生命保障功能,以关注"对人的影响"为发出点,一部分生态系统功能或过程可以支持系统内其他功能或过程。MEA(2005)参考上述思路提出了生态系统服务集成框架,并评估了生态系统变化对人类福祉的影响,MEA 将生态系统服务定义为:"人类从生态系统获取的各种利益",并细分为 4 类:供给服务、调节服务、文化服务和支持服务,前 3 种直接受人类活动影响,支持服务为其他服务的形成和维持提供支持。MEA 框架已得到广泛使用(傅伯杰 等,2009;Sandhu et al.,2008;Barrios,2007)。但仍存在一些问题:首先,有的研究框架不承认存在支持过程,不规范的定义可能会导致生态系统服务的重复测量和验证;第二,即使能正确认识支持过程,还面临如何准确定义和验证相关过程提供的服务;第三,已有的分类术语使用较混乱;第三,应更重视生态系统结构和过程研究。

生态系统服务是集成框架核心,可以利用过程模拟模型认识和理解具体问题;集成建模框架还应关注尺度效应,开发跨尺度的通用建模框架(Dale et al.,2007)。"生态系统服务供给-人类需求"的内在反馈机制研究较少,亟须开发针对性的研究框架。

3.1.2 土地景观格局对生态系统服务功能的影响

土地景观系统是一种典型的自然资产存量,土地景观格局变化可以综合地反映人类活动影响下的自然资本变化,进而导致生态系统服务变化。例如,不同景观类型的物理属性差异会导致不同的地表反射率、蒸散发和水分运移过程等变化,进而影响生态系统的化学和生物属性,最终导致其提供的多种生态系统服务供给发生变化,同时还会影响多种生态系统过程的变化强度。因此,土地景观格局作为一种典型的自然资本的空间表现形式,在不同时空尺度上存在支持功能和退化过程。

1. 土地景观格局的支持功能

土地景观系统是人类活动影响下的复杂性动态巨系统,存在着大量的生物、物理和化学过程,不同过程之间产生多种相互作用。各种景观变化过程支持形成了不同时空尺度的自然资本存量,支持过程是指驱动自然资本和相应生态系统服务功能形成的各种过程。以水分循环为例,通过水分循环的物理过程使水进入土地景观系统,被不同景观类型吸收或释放,形成完整的水循环。景观中持续的水分运移使得原有化学平衡被打破,进而出现营养物循环和转移过程。土地系统的支持过程为不同生物物理和化学属性的资本存量形成提供条件。研究表明,控制土地景观格局形成的基本自然要素主要包括土壤母质、气候、植被、地形和时间(Jenny,1941)。土壤母质的矿物学特征影响地表土地的风化产物和最终矿物成分,降水影响土地景观的风化和水蚀强度,温度会改变其化学和生物作用的反馈速度。间接的气候影响因素可以通过生产生物量和分解有机质对土地景观变化速率产生影响。动植物也会对不同景观产生间接影响。土地景观的支持功能确保了生态系统基本的自然资本动态平衡过程。

2. 土地景观格局的退化过程

现实的生态环境问题促使学术界开始更关注生态系统的自然资本存量退化问题,通过辨析退化的过程进一步认识生态系统服务损失。主要退化过程有以下几个方面。

侵蚀:主要是表层土壤物质流失,属于物理退化过程。表层土壤颗粒在灾害干扰等外部因素影响下,通过重力、水、冰雪或风的作用发生迁移,会在有机物和营养物存量水平上影响土壤表层及其深度,进而影响土地景观格局变化。

毒化:指土地景观所需元素(如铝、铁)过量或重金属(如水银、镉和铅等)污染。毒化导致的短期剧烈变化一般与人类活动干扰密切相关。

盐渍化:指氯化钠和氯化镁在土地景观系统中的累积。土地盐渍化会破坏不同植物根系和原有土地景观格局,进而发生退化,如耕地退化为盐碱地。

土地景观退化过程发生的时间尺度较长，变化缓慢。但近几十年来，人类活动干扰持续加强，土地景观系统受各种外部驱动力的影响非常强烈，可以分为自然驱动力（自然因素）和人类活动影响的驱动力（人文因素），驱动力分析是解释土地景观和生态系统服务变化的重要研究方向。

3. 土地景观格局变化的驱动力

从土地景观受外部驱动力（自然要素和人文要素）影响的类型看，将土地景观分为两种类型：土地覆被，主要受生物物理过程控制；土地利用，主要由社会系统变化决定；两种景观格局都深刻地影响着土地景观系统的变化。

自然驱动力对土地景观的影响包括：气候变化、自然灾害风险、地质地貌变化和生物多样性等。例如，局部的气候特征（如降水强度和光照）通过驱动地表湿度和温度的变化会影响土地景观的支持和退化过程；自然灾害风险（地震、火山爆发等）可改变土地景观系统的环境（如烧毁或者破坏不同尺度的土地景观类型的完整性）；土地系统的地质结构会决定土地覆被的初始矿物质成分，进而会驱动不同景观格局形成；生物多样性则显著影响土地景观变化的强度。

影响土地景观变化的人文驱动力因素较多。以干旱区绿洲生态系统为例：野生资源的过度利用、水利工程、农业活动扩张、道路及其他基础设施建设和城市化等。人文因素会显著影响土地景观格局变化过程，并影响输入土地景观系统的扰动类型（耕作、踩踏和农业化学药物使用等）、扰动强度（有机农业、传统农业和放牧等）和输入数量（耕地的施肥时间和数量、木材砍伐频率和数量等）。此外，技术进步也会对土地景观格局变化过程产生间接影响，但技术进步的影响具有不确定性，在集成建模框架中较少考虑。

在土地景观过程和驱动力研究中，土地科学、生态学、社会学等多学科和跨学科知识和应用研究都可以纳入到集成建模框架中，并与多种生态系统服务过程形成对应关系。

3.1.3 生态系统服务供给与人类需求互馈关系

1. 调节、供给和文化服务的基本内涵

调节服务为人类活动提供稳定、健康和具有恢复力的环境，主要包括：水文调节、水质净化和废弃物处理、预防侵蚀、调控自然灾害、授粉、碳存储和温室气体调节等。如何将现有多个领域的研究成果集成到生态系统服务研究中是要面临的巨大挑战。

供给服务是指生态系统最终提供的各种产品（MEA，2005）。生态系统为人类提供的有用产品包括：淡水、食物、纤维和燃料、生物化学品、遗传物质等，极大地满足了人类各种需求，为人类发展提供物质支持，保证社会生态系统结构的完整性和可恢复性。然而，当前生态系统提供的"产品"数量和质量都发生了明显的退化，不可持续的趋势愈加明显，各类资源的可再生状况也使人担忧。

供给和调节服务的时空尺度差异性很大。例如，从微米尺度（如微生物生境变化）到景观尺度（如防洪），再到全球尺度（如气候变化）；从小时尺度到月尺度，再到年尺度；由此产生的挑战是：如何准确认识各种服务的特征尺度？如何进行精确的服务供给测量和尺度推绎分析？这是生态系统服务集成建模要解决的重要问题。

土地景观系统可以为人类提供教育、美学、休闲娱乐、精神和灵感等诸多文化服务类型（Lavelle et al.，2006）。文化服务涉及美学、神话和宗教信仰等文化领域知识，很难给出完备性的概括，因此，如何对文化服务进行清晰界定始终是研究的难点。

2. 生态系统服务供给和人类需求

从人类中心说看，生态系统服务存在意义是满足人类需求（Lavelle et al.，2006），但人类如何从生态系统服务中满足需求仍存在争议。经典的人类需求研究有马斯洛"等级需求"、Manfred Max-Neef"需求矩阵"和 Daily"目标–手段"谱等，但在应用中总被批评缺乏理论依据，生态系统服务研究有可能为其提供理论和实践意义。

按马斯洛需求等级看，人类需求分为：生理需求、安全需求和精神需求三方面，并与具体的生态系统服务供给实现对应（表3.2），这有助于构建集成建模的正反馈，但实证研究还需要细化和深入校验。此外，幸福感需求尚缺乏合适的描述指标，类似指标还有社会需求、尊重需求等，有研究指出这几种需求仅是基于人类情感的自我愿景，并不存在相应的生态系统服务供给（李双成 等，2011；Petteri et al.，2010）。需求指标分解方法还需要在实证中进一步检验，相关研究能为生态系统服务集成建模提供参数化方案。

表 3.2　人类需求与生态系统服务供给的指标对应关系

人类需求		生态系统服务
基本类	二级分类	
生理需求	生活资料需求	供给粮食、果品、清洁水、木材、燃料等
	生产资料需求	供给纤维、树脂、药材等
安全需求	水安全需求	过滤、分解水中的化学物质，提供洁净水资源
	土壤安全需求	减缓侵蚀，培育土壤，截留、分解有机物，提供肥沃的土地资源
	生物安全需求	提供生物栖息的生活环境，保持生物多样性
	大气安全需求	气候调节，影响局部降水和气温，影响温室气体变化，提供清洁空气
精神需求	美学景观需求	休闲娱乐，提供与生态系统有关的美学和消遣机会
	文化艺术需求	获取与生态系统有关的精神、文化内容，如灵感、宗教和故土情结等
	知识意识需求	提供观测、研究生态系统的机会

3.1.4　生态系统服务功能预测和情景分析

考虑到生态系统服务在满足人类需求过程中会导致社会经济系统发生变化，进而对土地景观格局变化的驱动力产生可能的影响。需要对未来社会经济变化的可能性和不确定性进行分析，并设计特定的情景库，用于反映人类需求对未来土地景观格局变化驱动力和生态系统服务的影响。可以通过"象限法"构建一般意义的情景库。首先,构建一个基础的情景象限(图3.1),如经济发展和人口变化两个维度,分别用于反映社会经济系统不同的变化趋势。由于各维度衡量指标的变化速率存在差异性,会产生4种不同发展内涵的基础情景类型。①协同型发展:决策中更关注贫困和不公,重点投资基础设施和教育,经济增长率最高,人口增长率最低;②技术型发展:通过高度依赖技术避免环境问题,经济增长率较高,人口增长率取4种情景的中间值;③秩序型

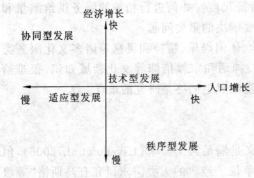

图3.1 基础情景构建方法

发展:强调市场作用,并下调对公共物品的关注度,经济增长率最低,人口增长率最高;④适应型发展:强调生态系统管理,注重发挥地方政府机构、非政府组织、文化风俗等因素的作用,经济增长率初期较低,此后逐步上升,人口增长率为4个情景的中间值。

在每种情景基础上,进一步可以按照自然维度(水源涵养量、降水量、温度、湿度和植被指数等)和人文维度(GDP增长率、就业率、自然人口增长率、城市化率和粮食自给率等)的不同特征提出细化的通用指标集,并进行面向实际问题的情景组合,由此生成更加复杂的情景库。这种情景构建方法还需要在实证研究过程中逐步加以完善。

在实证研究中,集成框架要考虑时空尺度(短期-长期,局部-区域)问题;还可通过生态系统服务供给变化进行生态系统健康诊断,并实现与系统恢复力和脆弱性评价的集成分析,增加集成框架的应用性,这也是生态系统服务集成研究的一个新兴研究方向;此外,生态系统服务供给、人类需求及土地景观格局变化的驱动力会受到具体研究区政策、法规乃至文化等隐性要素的影响(如哪些制度因素可以加强土地景观系统可持续性的环境决策制定和景观管理?)这都是集成框架未来需要加强研究的领域。基于已有理论基础,得到生态系统服务集成研究的概念框架(图3.2)。

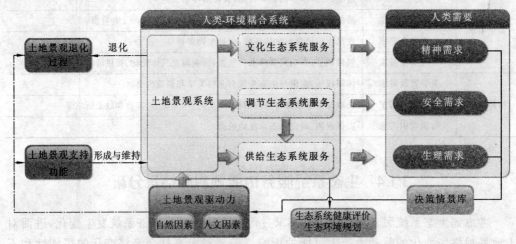

图3.2 生态系统服务集成研究的概念框架

3.2 干旱区生态系统服务集成建模

3.2.1 干旱区生态系统服务集成建模概述

以干旱区最典型的绿洲生态系统为例,其占中国干旱区面积不足 5%,但集聚了 95%以上的人口和 GDP(陈曦 等,2008;赵文智 等,2000),绿洲生态系统服务的可持续供给事关干旱区人口生计,是决策者和学术界共同关注的重大问题。集成自然资本价值的土地利用和决策动态过程为干旱区生态系统服务研究提供了新视角,相关应用基础研究会进一步提升生态系统服务在干旱区人地系统耦合与关键带过程研究中的"桥梁作用"。生态系统服务研究本质是综合,需要集成跨学科的前沿成果,因此,生态系统服务与景观格局耦合研究也必须支持多学科模型集成。开发生态系统服务集成建模框架,为开发生态系统服务模拟、决策情景库和服务权衡功能的空间显式集成评估模型和定量研究提供研究基础。

MEA(2005)提出自然生态系统与人类福祉分析框架后,科学家、决策者和技术人员等利益相关团体开始积极参与到生态系统服务评估与管理过程中,形成几点共识:①自然资产评估仍是主流的环境管理和保护方法;②应将生态系统服务变化纳入特定尺度的环境景观管理决策中考虑;③应开发集成建模新方法和模型,以实现空间显式的动态模拟与评估;④应针对多种生态系统服务变化进行权衡决策,以继续提高保护特定生态系统的机会(Goldman et al.,2008;Hancock,2010;Costanza et al.,2014)。通过发展生态系统服务集成评估模型,能使决策者看懂各种环境景观管理决策可能产生的决策后果。因此,开展干旱区生态系统服务集成研究存在至少三方面的意义。

(1) 体现对干旱区生态系统服务集成研究基础理论的新认识。集成土地利用格局与过程、生态系统结构和功能、社会-经济过程耦合建模等多学科知识和方法开展定量研究是学科发展的需要,也是解决环境问题的需求。

(2) 发展干旱区生态系统服务定量研究的新方法。对生态资产损失认识的滞后性常导致传统生态系统服务供给的低估(Goldstein et al.,2012;MEA,2005),增加了集成评估模型的开发难度;且集成的模型易用性和实用性不匹配,即生态过程模型模拟复杂,价值评估模型主观性强,且集成评估多忽视管理决策目的。通过发展连接科学和决策的有效工具,可获取具有跨尺度性和可移植性的集成建模框架和模型。长期看,集成评估模型能扩展为功能更全面的区域集成管理决策支持系统,项目发展和应用前景良好。

(3) 加强对干旱区生态管理决策过程的科学支持。通过定量研究,对研究区生态系统服务进行多情景模拟和权衡,为区域生态环境管理提供空间显式的、动态科学决策支持,案例研究成果对干旱区其他区域环境管理决策也有参考价值。

3.2.2 生态系统服务集成建模研究进展

生态系统服务集成研究始于20世纪90年代(Noël et al.,1998;Daily,1999),随后发展出多种用于支持集成研究的定量模型(De Groot et al.,2010),如国外已发展的ARIES(Villa et al.,2014)、InVEST(Tallis et al.,2013)、EPM(Bagstad et al.,2012)、SolVES(Sherrouse et al.,2011)和MIMES(Boumans et al.,2007)等代表性的集成模型,国内模型集成相对简单,以应用研究为主(杨芝歌等,2012;Ren et al.,2011),针对干旱区的系统性研究成果鲜见报道。基于区域集成评估模型的定量研究是生态系统服务研究的发展趋势(傅伯杰,2014;Metzger et al.,2008),相应的建模理论也开始在生态系统服务功能分类、格局-过程和价值评估等研究基础上出现新趋势。

(1) 决策与生态系统:解释环境决策对生态系统的作用机制是集成建模和集成评估模型开发的难点。综合人口、技术、政策等驱动因子的情景建模方法正在成为主要工具(甄霖等,2012;Fisher et al.,2011)。目前,有关土地管理决策影响生态系统的建模研究热点是景观格局维持和恢复(Tolkkinen et al.,2015;陈利顶等,2014),借助RS(remote sensing)/GIS技术对生态系统多样性、结构和功能进行多尺度建模(Watt et al.,2010;傅伯杰等,2008)。模拟决策对生态系统影响的途径有:①调查不同利益相关者并获取其对土地景观等自然资源的认识,开发可选情景(Rounsevell et al.,2010);②通过评价生态系统历史和现状而预测未来变化(Heinz,2008);③开发新方法长期监测生物多样性和其他生态系统属性(Marques et al.,2009)。

(2) 生态系统与服务:变化的生态系统结构和功能可提供多种生态系统服务供给(NRC,2005;欧阳志云等,2014),这在区域尺度集成研究中已获证实(Rounsevell et al.,2009;Brauman et al.,2007)。农田产品供给是传统的陆地生态系统服务类型,但干旱区多种生态系统的现状和其他功能如何进一步转化为生态系统服务还需要开展长期野外监测和跨学科研究:①收集不同利益相关者群体关心的服务类型并监测(Burkhard et al.,2009);②开发可共享的生态系统服务过程模拟模型,并与跨尺度的环境决策过程集成(Rounsevell et al.,2012);③利用实测数据,持续测试和改进模型,提高对转化机理的认识(吕一河等,2013;Nelson et al.,2009)。

(3) 服务与价值:通过价值评估模型可以获取生态系统服务收益的可能路径和成本(Costanza et al.,2014)。传统的方法主要基于调查单位生态资产价格或WTP(willing to pay)方法获取估值数据,主观性和不确定性大,评价结果较难在区域PES(payments for ecosytem sevices)决策中推广(傅伯杰等,2008)。价值评估建模亟须新思路:①直接与生物物理模型结果集成,获取潜在价值分布(谢高地等,2015;Liang et al.,2014a);②在已有价值测量框架下发展针对人类健康和安全等服务类型的非货币化估值方法;③发展具有社会公平特征的多尺度生态系统服务成本-收益权衡方法(Seppelt et al.,2011)。

(4) 价值与制度:改进收益性制度有助于区域社会经济系统可持续发展,但应受成本-

收益变化的约束。目前强调从提高决策者对生态系统自然资产认识的角度设计制度影响和预期策略调整：①通过样地试验提高定量模拟模型精度，识别相应服务价值（Rode et al.，2015；闵勇 等，2012；Olsson et al.，2008）；②集成多种政策和市场指标，对比不同决策结果差异（Metzger et al.，2008）；③发展有助于利益相关者参与的模型设计方法（Arnold，2012；Cowling et al.，2008）。

（5）制度与决策：制度约束下的决策差异性识别和利益相关者的多样性需求集成是目前定量研究的难点（Arnold，2012；Pergams et al.，2008），需要加入社会学和其他经验学科知识，面向决策制定的模型集成尚处在起步阶段。

集成评估技术呈现出模块化、图形化、知识驱动和空间显式的发展趋势（Popa et al.，2015；Carvalho et al.，2013；Eigenbrod et al.，2010），强调集成宏观生态学、土地系统科学、经济学等多学科知识和方法（Liang et al.，2014b；Burkhard et al.，2009）。集成方法优势包括：注重使用多尺度、高时空分辨率遥感驱动数据（Verburg et al.，2009），能更好地耦合生态系统过程与土地利用、经济增长动态过程；视土地为外生变量，模拟的空间特征信息明显（梁友嘉，2013），减少了不确定性（Engel et al.，2015）；集成景观规划评价等决策功能，强调权衡方法（Goldstein et al.，2012）。近年来，国内也开始出现不同的生态系统服务集成建模框架及研究案例（Ouyang et al.，2015；傅伯杰 等，2014；李文华 等，2009）。

通过长期研究和文献综述开始认识到："决策-生态系统-服务-价值-制度-决策"的跨学科知识反馈环是发展生态系统服务集成评估模型的重要理论基础，生态系统服务与景观格局耦合机理是该反馈环的核心机制，集成建模方法是技术工具。总结集成评估模型发展缓慢的主要问题包括：①集成机理简单，未深入揭示知识反馈环的其核心机制；②多学科模型复杂度不匹配，集成方法不足；③生态系统服务评估涉及多方利益，权衡方法不足，致使决策中多忽略科学知识；④模型功能和易用性未满足多方需求。生态系统服务集成定量研究在理论和方法上均存在诸多挑战，亟须通过模型和案例研究提高对已有关键问题的认识。从案例研究角度看，干旱区自然-人文过程耦合关系复杂，生态环境问题突出，在生态系统服务集成研究中更加需要加强上述跨学科知识反馈环的案例实践，亟须开发出具有可推广性的理论和方法体系。

3.3 小　　结

本章在已有理论基础上提出了通用的生态系统服务集成建模框架，该建模框架包含土地景观变化、生态系统服务、人类需求、情景模拟、尺度效应等诸多跨学科研究热点，为生态系统服务与景观格局集成模拟提供了理论基础。本章还对干旱区生态系统服务集成建模的研究进展进行综述，并进一步检验通用集成建模框架的合理性和可靠性。

参 考 文 献

陈曦,罗格平,2008. 干旱区绿洲生态研究及其进展. 干旱区地理,31(4):487-495.
陈利顶,李秀珍,傅伯杰,2014. 中国景观生态学发展历程与未来研究重点. 生态学报,12:3129-3141.
傅伯杰,2014. 地理学综合研究的途径与方法-格局与过程耦合. 地理学报,69(8):1052-1059.
傅伯杰,张立伟,2014. 土地利用变化与生态系统服务:概念、方法与进展. 地理科学进展,4:441-446.
傅伯杰,吕一河,陈利顶,2008. 国际景观生态学研究新进展. 生态学报,28(2):798-804.
傅伯杰,周国逸,白永飞,等,2009. 中国主要陆地生态系统服务功能与生态安全. 地球科学进展,4(6):571-576.
李双成,刘金龙,张才玉,等,2011. 生态系统服务研究动态及地理学研究范式. 地理学报,66(12):1318-1630.
李文华,2008. 生态系统服务功能价值评估的理论、方法与应用. 北京:中国人民大学出版社.
李文华,张彪,谢高地,2009. 中国生态系统服务研究的回顾与展望. 自然资源学报,24(1):1-10.
梁友嘉,2013. 基于LUCC的生态系统服务空间化研究—以张掖市甘州区为例. 生态学报,33(15):4758-4766.
吕一河,张立伟,王江磊,2013. 生态系统及其服务保护评估:指标与方法. 应用生态学报,5:1237-1243.
闵勇,常杰,葛滢,等,2012. 生态系统服务复杂关系研究的机遇、挑战与对策. 科学通报,22:2137-2142.
欧阳志云,王桥,郑华,等,2014. 全国生态环境十年变化(2000~2010年)遥感调查评估. 中国科学院院刊,4:462-466.
谢高地,张彩霞,张雷明,等,2015. 基于单位面积价值当量因子的生态系统服务价值化方法改进. 自然资源学报,30(8):1243-1254.
杨芝歌,周彬,余新晓,2012. 北京山区生物多样性分析与碳储量评估. 水土保持通报,32(3):42-46.
赵文智,程国栋,2000. 人类土地利用主要生态后果及缓解对策. 中国沙漠,20(4):369-374.
甄霖,闫慧敏,胡云锋,等,2012. 生态系统服务消耗及其影响. 资源科学,6:989-997.
ARNOLD T R,2012. Procedural knowledge for integrated modelling:towards the modelling playground. Environmental modelling & software,39(39):1-14.
BAGSTAD K J,JOHNSON G W,VOIGT B,et al.,2012. Spatial dynamics of ecosystem service flows:A comprehensive approach to quantify actual services. Ecosystem services,4:117-125.
BARRIOS E,2007. Soil biota,ecosystem services and land productivity. Ecological economics,64:269-285.
BOUMANS R,COSTANZA R,2007. The multi-scale integrated earth systems model (mimes):the dynamics,modeling and valuation of ecosystem services. Issues in global water system research.
BRAUMAN K A,DAILY G C,DUARTE T K,et al.,2007. The nature and value of ecosystem services:an overview highlighting hydrologic services. Annual review of environment and resources,32:67-98.
BURKHARD B,KROLL F,MÜLLER F,et al.,2009. Landscapes' capacities to provide ecosystem services-a concept for land-cover based assessments. Landscape online,15:1-22.
CARVALHO R,MIGLIOZZI A,INCERTI G,et al.,2013. Placing land cover pattern preferences on the map:bridging methodological approaches of landscape preference surveys and spatial pattern analysis. Landscape and urban planning,114:53-68.
COSTANZA R,2008. Ecosystem services:multiple classification systems are needed. Biological conservation,141:350-352.

COSTANZA R,DAILY H E,1992. Natural capital and sustainable development. Conservation biology,6 (1):37-46.

COSTANZA R,D'ARGE R,DE GROOT R,et al.,1997. The value of the world's ecosystem services and natural capital. Nature,387:253-260.

COSTANZA R,DE GROOT R,PAUL S,et al.,2014. Changes in the global value of ecosystem services. Global environmental change,26:152-158.

COWLING R,EGOH B,KNIGHT A T,et al.,2008. An operational model for mainstreaming ecosystem services for implementation. PNAS,105:9483-88.

DAILY G C,1997. Nature's Services: Societal Dependence on Natural Ecosystems. Washington D C: Island Press.

DAILY G C,1999. Developing a scientific basis for managing Earth's life support systems. Conservation ecology,3(2):14.

DALE V H,POLASKY S,2007. Measures of the effects of agricultural practices on ecosystem services. Ecological economics,64(2):286-296.

DE GROOT R,1992. Functions of nature: evaluation of nature in environmental planning, management and decision making. Groningen: Wolters-Noordhoff Press.

DE GROOT R,2006. Function-analysis and valuation as a tool to assess land use conflicts in planning for sustainable, multi-functional landscapes. Landscape and urban planning,75:175-186.

DE GROOT R,WILSON M A,BOUMANS R M J,2002. A typology for the classification, description and valuation of ecosystem functions,goods and services. Ecological economics,41:393-408.

DE GROOT R,VAN DER PERK J,CHIESURA A,et al.,2003. Importance and threat as determining factors for criticality of natural capital. Ecological economics,44:187-204.

DE GROOT R,ALKEMADE R,BRAAT L,et al., 2010. Challenges in integrating the concept of ecosystem services and values in landscape planning, management and decision making. Ecological complexity,7:260-272.

EIGENBROD F,ARMSWORTH P,ANDERSON B,et al.,2010. The impact of proxy-based methods on mapping the distribution of ecosystem services. Journal of applied ecology,47:377-385.

EKINS P,SIMON S,DEUTSCH L,et al.,2003. A framework for the practical application of the concepts of critical natural capital and strong sustainability. Ecological economics,44:165-185.

ENGEL S,PALMER C,TASCHINI L,et al., 2015. Conservation payments under uncertainty. Land economics,91(1):36-56.

FISHER B,KERRY T R,2008. Ecosystem services: classification for valuation. Biological conservation, 141:1167-1169.

FISHER B,TURNER R K,BURGESS N D,et al.,2011. Measuring, modeling and mapping ecosystem services in the Eastern Arc Mountains of Tanzania. Progress in physical geography,35(5):595-611.

GOLDMAN R L,TALLIS H,KAREIVA P,et al.,2008. Field evidence that ecosystem service projects support biodiversity and diversify options. PNAS,105:9445-9448.

GOLDSTEIN J H,CALDARONE G,DUARTE T K,et al.,2012. Integrating ecosystem-service tradeoffs into landuse decisions. PNAS,109(19):7565-7570.

HANCOCK J, 2010. The case for an ecosystem service approach to decision-making: an overview. Bioscience horizons,3:188.

HEINZ C, 2008. The state of the nation's ecosystems: measuring the land, water, and living resources of the United States. Washington D C: Island Press.

JENNY H, 1941. Factors of Soil Formation: a System of Quantitative Pedology. New York: McGraw-Hill.

LAVELLE P, DECAENS T, AUBERT M, et al., 2006. Soil invertebrates and ecosystem services. European journal of soil biology, 42(1): S3-S15.

LIANG Y J, LIU L J, 2014a. Economic valuation of ecosystem service in the middle basin of Heihe River, northwest China. International journal of environmental engineering and natural resources, 1(3): 164-170.

LIANG Y J, LIU L J, 2014b. Modeling urban growth in the middle basin of the Heihe River northwest China. Landscape ecology, 29(10): 1725-1739.

MARQUES J C, BASSET A, BREY T, et al., 2009. The ecological sustainability trigon-a proposed conceptual framework for creating and testing management scenarios. Marine pollution bulletin, 58: 1773-1779.

MEA (Millennium Ecosystem Assessment), 2005. Ecosystems and Human Well-being: Biodiversity Synthesis. Washington D C: World Resources Institute.

METZGER M, SCHRÖTER D, LEEMANS R, et al., 2008. A spatially explicit and quantitative vulnerability assessment of ecosystem service change in Europe. Regional environmental change, 8: 91-107.

NELSON E, MENDOZA G, REGETZ J, et al., 2009. Modeling multiple ecosystem services, biodiversity conservation, commodity production, and tradeoffs at landscape scales. Frontiers in ecology and the environment, 7(1): 4-11.

NOËL J F, O'CONNOR M, 1998. Strong sustainability: towards indicators for sustainability of critical natural capital//Faucheux S, O'Connor M, eds. Valuation for Sustainable Development: Methods and Policy Indicators. Cheltenham: Edward elgar publishing.

NRC, 2005. Valuing ecosystem services: toward better environmental decision making. Washington D C: National Academies Press.

OLSSON P, FOLKE C, HUGHES T P, 2008. Navigating the transition to ecosystem-based management of the Great Barrier Reef, Australia. PNAS, 105: 9489-94.

OUYANG Z, ZHANG L, WU B, et al., 2015. An ecosystem classification system based on remote sensor information in China. Acta ecologica sinica, 35: 219-226.

PREGAMS O R W, ZARADIC P A, 2008. Evidence for a fundamental and pervasive shift away from nature-based recreation. PNAS, 105: 2295-2300.

PETTERI V, TIMO K, ARI T, et al., 2010. Ecosystem services-A tool for sustainable management of human-environment systems, Case study Finnish Forest Lapland. Ecological complexity, 7(3): 410-420.

POPA F, GUILLERMIN M, DEDEURWAERD T, 2015. A pragmatist approach to trans-disciplinarily in sustainability research: from complex systems theory to reflexive science. Futures, 65: 45-56.

REN J, WANG Y, FU B, et al., 2011. Soil conservation assessment in the upper Yangtze River Basin based on InVEST Model. Water resource and environmental protection, 3: 1833-1836.

RODE J, GÓMEZ B, KRAUSE T, 2015. Motivation crowding by economic incentives in conservation policy: a review of the empirical evidence. Ecological economics,109:80-92.

ROUNSEVELL M, REAY D, 2009. Land use and climate change in the UK. Land Use Policy, 26: 160-169.

ROUNSEVELL M, METZGER M, 2010. Developing qualitative scenario storylines for environmental change assessment. Wiley interdisciplinary reviews climate change,1:606-619.

ROUNSEVELL M, PEDROLI B, ERB K H. et al., 2012. Challenges for land system science. Land use policy,29:899-910.

SANDHU H S, WRATTEN S D, CULLEN R, et al., 2008. The future of farming: the value of ecosystem services in conventional and organic arable land. An experimental approach. Ecological economics, 64 (4):835-848.

SEPPELT R, DORMANN C, EPPINK F, et al., 2011. A quantitative review of ecosystem service studies: approaches, shortcomings and the road ahead. Journal of applied ecology,48:630-636.

SHERROUSE B C, CLEMENT J M, SEMMENS D J, 2011. A GIS application for assessing, mapping, and quantifying the social values of ecosystem services. Applied geography,31:748-760.

SWINTON S M, LUPI F, ROBERTSONG P, et al., 2007. Ecosystem services and agriculture: cultivating agricultural ecosystems for diverse benefits. Ecological economics,64:245-252.

TALLIS H, RICKETTS T, GUERRY A, et al., 2013. InVEST 2.5.6 User's Guide. Palo Alto: Stanford University.

TOLKKINEN M, MYKRÄ H, ANNALA M, et al., 2015. Multi-stressor impacts on fungal diversity and ecosystem functions in streams: natural vs. anthropogenic stress. Ecology,96:672-683.

TURNER R K, DAILY G C, 2008. The ecosystem services framework and natural capital conservation. Environmental & resource economics,39(1):25-35.

VERBURG P, VAN DE STEEG J, VELDKAMP A, et al., 2009. From land cover change to land function dynamics: a major challenge to improve land characterization. Journal of environmental management,90 (3):1327-1335.

VILLA F, BAGSTAD K J, VOIGT B, et al., 2014. A methodology for adaptable and robust ecosystem services assessment. PLoS ONE,9(3):e91001.

WALLACE K J, 2007. Classification of ecosystem services: problems and solutions. Biological conservation,139:235-246.

WATT M, SETTELE J, 2010. Research needs for incorporating the ecosystem service approach into EU biodiversity conservation policy. Biodiversity and conservation,19:2979-2994.

第二部分

生态系统服务集成模拟的方法与应用

第二部分

生态系统发育机理的研究方法与适用范围

第 4 章 水源涵养生态系统服务集成建模

干旱区发展受水资源要素约束明显,缺水的现实问题已引发诸多生态环境与社会经济发展问题。水源涵养服务是干旱区重要的生态系统服务类型,只有采用系统性研究视角才能既定量描述过程机理,又可以回答宏观决策问题。以河西走廊甘临高绿洲上游黑河干流山区为例,发展面向水源涵养服务的集成建模方法。通过分布式水文模型模拟不同土地利用变化情景下研究区的水文过程,并与生态补偿方法集成,评估不同情景下生态补偿价格变化,最终完成基于自然-人文耦合过程的集成建模。

4.1 分布式水源涵养模拟模型

4.1.1 水源涵养服务建模框架概述

黑河流域的水资源问题一直受学界关注,从水源涵养生态系统服务评估的角度看,需要构建区域尺度的集成环境评估模型,定量模拟流域内生态-水-经济耦合系统的演变机理,建立流域集成环境建模的耦合框架。只有从系统集成角度出发,把研究区作为生态-水-经济的整体进行研究,才能构建稳定、高效和持续发展的人地耦合系统适应模式(程国栋 等,2008;程国栋,2002)。

人地耦合系统具有复杂性、等级性、多时空尺度性等开放系统的基本特征,在建模过程需要综合多源的数据和建模技术,这使得集成模型构建要比单学科模型复杂得多,而基于各子系统建立过程模拟模型,再从宏观角度进行综合是一个相对高效的研究思路(Monfreda et al.,2004;Alcamo et al.,2000)。20 世纪 90 年代后期开始,随着各种建模环境的不断开发,在栅格单元上开发通用的生态过程模型,然后将其推到整个研究区,利用单元格间的连接实现空间显式的景观变化模拟已成为一种重要的集成建模思路。同时,通过开发集成建模环境,可以实现不同学科资源的共享,建立统一的模型语言和模型平台,可加快研究协作和工作进程。空间建模环境(spatial modeling environment, SME)就是一个好的实例(Costanza et al., 1997; Maxwell et al., 1997)。

黑河干流山区位于我国第二大内陆河黑河的上游,是河西走廊甘临高绿洲水资源的重要补给区,干流河道长 303 km,集水面积 10 009 km^2,海拔范围 1 674~5 076 m,多年平均气温不足 2℃,降水量 300~700 mm。流域内景观垂直分布明显,海拔 4 500 m 以上为永久冰川积雪带,以下依次为高山草甸与灌丛、山间盆地、中山森林和中山草甸草原带。山区冰川覆盖面积 59 km^2,冰川储水量 13.81×10^8 m^3。研究区内的土地利用类型包括草地、林地、水域、农村居民点和未利用土地等。研究区下垫面条件极为复杂,水文、气象观测站点稀少,野外实验资料也十分有限。

以黑河干流山区为研究区,以基于自然-人文耦合过程的水源涵养服务集成建模为研究目的,开展以下工作:①基于 SME 建模平台和系统动力学(system dynamics, SD)单元模型,建立干流山区水文单元模型;②模拟 LUCC 基期和禁牧情景对山区水源涵养变化过程的影响,利用 SME 空间显式功能,输出禁牧情景下的逐日空间化土壤含水量;③面向决策,与生态补偿(PES)集成,利用土壤含水量新增量和最小数据方法(minimum data method, MD)得到禁牧情景的生态补偿价格曲线,完成基于自然-人文耦合过程的研究区集成建模框架构建(图4.1)。

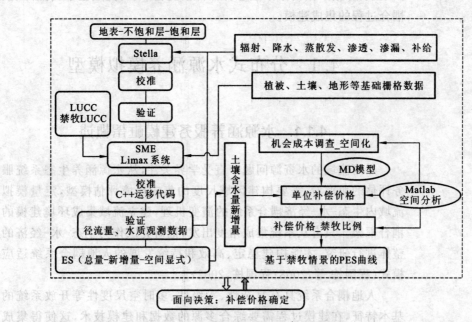

图 4.1 水源涵养服务集成建模框架

研究所需的气象资料源于中国寒区旱区科学数据中心(http://westdc.westgis.ac.cn);

土壤数据主要源于《甘肃省土种志》（甘肃省土壤普查办公室，1993a）和《甘肃土壤》（甘肃省土壤普查办公室，1993b）；2009 年 LUCC 数据源于 ESA DUE 网站（http://dup.esrin.esa.it），该数据融合了多种数据源，分辨率为 300 m，裁剪出研究区范围并做预处理，以草地类型为主；2011 年草地禁牧的机会成本（opportunity cost，OC）数据源于入户调查，范围涵盖肃南县各乡镇，以村为调查单元。发放问卷 150 份，收回 137 份，有效率 91.33%；还包括 2009 年的 DMSP F16 夜间灯光辐射数据和 SRTM DEM，以及其他辅助材料。

4.1.2 水文单元模型

模型状态变量主要包含：地表水；积雪/冰；固/液态的不饱和层水和饱和层水。基本水文过程包括截留、下渗、蒸发和蒸腾等，水平运移通过 SME 运移代码实现，故该模型仅考虑垂直方向变化，基本假设是：降水后立即渗透到不饱和层，只有不饱和层饱和时才在地表积聚形成径流；不饱和层水在重力作用下向饱和层渗漏，并导致饱和层水位上升。

1. 降水过程

降水：气象站雨量观测器观测值有风动力损失、蒸发损失和湿润损失，首先需作误差修正（康尔泗 等，2002），纠正后的站点数据用于 SME 空间插值，为模型提供基本的驱动数据。同时，针对 SME 算法的缺陷，本章 4.2 节对降水插值方法进行详细阐述。

截留：假设降水固液态分离前已有截留。截留量 In 采用经验系数法计算，取降水量中非植被截留和植被截留最大值，并不超过降水量 P 的最小值。非植被截留系数和植被截留系数均依赖于研究区地物类型。

固液分离：假定日均气温大于液化临界温度 co_SR 时降水为液态，当小于固化临界温度 co_RS 时降水为固态，介于二者之间按康尔泗等（1999）使用的比例系数法计算。

2. 地表水冻结与冰雪融化

地表水和积雪：若日均气温小于季节性积雪融化的临界气温，则该日固态降水累积，液态降水冻结。冻结量由地表水量乘以依赖于地物类型的冻结系数 C_SW_freeze 得到。若日均气温大于等于积雪融化临界气温，按度日因子法计算积雪融化量（王中根 等，2002），最终在计算融化量和实际融化量时取最小值。

冰川融化：高山冰川每年均有一定数量固态降水累积量，冰川区气温低，总量大，鲜有冰川完全融化的情况发生，故不考虑冰川融化量大于冰川总体积的情况。参考陈仁升等（2002）的工作，积雪和冰川融化的度日因子 C_SW_melt 取值为 $5\ \text{mm} \cdot \text{d}^{-1} \cdot \text{℃}^{-1}$。

3. 渗透

到达地表的净水量将发生渗透作用。潜在的渗透量根据地表特征和土壤含水量确定。

$$Pot\_Infiltr = \frac{C\_Infilt \times (C\_porosity - C\_UW\_moist\_prp - C\_UW\_sol\_prp)}{C\_Inf\_Slope} \quad (4.1)$$

式中：$Pot\_Infiltr$ 为潜在渗透量；C_Infilt 为渗透调整系数，$C\_porosity$ 为土壤孔隙度，依赖于土壤类型参数，在 SME 中完成配置；C_Inf_Slope 为坡度；$C\_UW\_moist\_prp$ 为不饱和层潮湿比例，等于不饱和层液态水量除以不饱和层深度；$C\_UW\_sol\_prp$ 为不饱和层固态含水比例，等于冻结不饱和层水量除以不饱和层深度；C_Inf_Slope 为坡度调整因子。未饱和能力 $Unsat\_cap$ 表示土壤孔隙中未被水占满的总容量。

$$Unsat\_cap = UW\_depth \times (C\_porosity - UW\_moist\_prp - UW\_sol\_prp) \quad (4.2)$$

式中：UW_depth 为不饱和层深度；渗透后余下水量为 $SURFACE\_WATER$，在地表积聚，成为地表水平径流的一部分。地表往不饱和层的渗透量 UW_from_Precip 为

$$UW\_from\_Precip = \min(Unsat\_cap, \min(SURFACE\_WATER, Pot\_Infiltr)) \quad (4.3)$$

4. 蒸散发

潜在蒸散发：潜在蒸发量 $Evaporation$ 使用 Christiansen 模型（Saxton et al.，1982）计算；潜在蒸腾量利用联合国粮农组织 1998 年推荐的 Penman-Monteith 公式计算，本章使用修正后的干流山区公式计算，具体工作在本章 4.3 节详细阐述。

实际蒸散发：分土壤蒸发和植被蒸腾分别计算实际蒸散发量。当不饱和层潮湿比例高于枯萎点 $C\_wn\_fieldcap$（假设为田间持水量 10%）时，发生蒸散发作用，反之则不发生。

$$Evap\_soil = C\_evap\_soil \times Evaporation \times UW\_mp\_r \quad (4.4)$$

式中：

$$UW\_mp\_r = \frac{UW\_moist\_prp}{C\_porosity} \quad (4.5)$$

式中：$Evap\_soil$ 为土壤实际蒸发量（$m \cdot d^{-1}$）；C_evap_soil 为依赖于土壤类型的蒸发调整系数；UW_mp_r 为土壤相对潮湿比例。植被蒸腾量公式表达如下：

$$Evap\_hab = C\_evap\_hab \times ETpm \times UW\_mp\_r \times LAI \quad (4.6)$$

式中：$Evap\_hab$ 为植被实际蒸腾量（$m \cdot d^{-1}$）；C_evap_hab 为蒸腾调整系数；LAI 为叶面积指数。最后，利用植被覆盖度加权求和，得到单元格上总蒸散发量

$$UW\_evap = C\_hab\_cov\_pr \times Evap\_hab + (1 - \_hab\_cov\_pr) \times Evap\_soil \quad (4.7)$$

式中：UW_evap 为不饱和层蒸散发量；$C\_hab\_cov\_pr$ 为单元格上植被覆盖度。不饱和层实际蒸散发量为加权计算后的量与不饱和层可获得水量中的较小值。

5. 不饱和层水的冻融过程

假定地温 DW_temp 小于 $-8\ ℃$ 时，土壤水冻结；大于 $0\ ℃$ 时完全融化。介于 $-8\sim 0\ ℃$ 间时，土壤部分冻结。不饱和层水冻结（融化）量 $UW\_freeze(UW\_melt)$ 为

$$UW\_freeze = \begin{cases} UNSAT\_WATER, & DW\_temp < -8 \\ UNSAT\_WATER \times \dfrac{0 - DW\_temp}{0 - (-8)}, & -8 \leqslant DW\_temp \leqslant 0 \\ 0, & DW\_temp > 0 \end{cases} \quad (4.8)$$

$$UW\_melt=\begin{cases}0, & DW\_temp<-8\\ UNSAT\_WATER\times\dfrac{DW\_temp-(-8)}{0-(-8)}, & -8\leqslant DW\_temp\leqslant 0\\ UNSAT\_WATER, & DW\_temp>0\end{cases} \quad(4.9)$$

6. 不饱和层与饱和层的水转换

假设只有超过田间持水量时，不饱和层水才发生渗漏。当潮湿比例低于田间持水量时，所有的水都为毛细作用和黏附力保持，不发生渗漏。

$$UW\_excess=UW\_moist\_prp-C\_field\_cap \quad(4.10)$$

$$UW\_perc\_rate=\dfrac{2\times C\_vert\_hydr\_cond\times C\_porosity\times(UW\_excess)^{0.4}}{(C\_porosity-C\_field\_cap)^{0.4}+(UW\_excess)^{0.4}} \quad(4.11)$$

式中：UW_excess 为不饱和层可渗漏水量；C_field_cap 为不同土壤类型的田间持水量；UW_perc_rate 为不饱和层渗漏率($m\cdot d^{-1}$)；$C\_vert\_hydr\_cond$ 为依赖于不同土壤类型的垂直水力传导参数。除渗漏等基本过程外，当水位上升，水会由不饱和层向饱和层转换，将水位提高为 $UW\_delta\times UW\_moist\_prp$，$UW\_delta$ 为不饱和层深度变化，该值大于 0 时，表示前期不饱和层深度值大于当前值，深度变小；该值小于 0 时，表示不饱和层深度变大，水位下降，田间持水能力保留的潮湿水分将停留在土壤中，最终用于增加不饱和层水量。

7. 基流补给

土壤资料及水文过程概化，缺乏研究区壤中流和基流数据，用基流常数 C_base_flow 表示基流补给的不确定性。

最终，利用 SD 软件 Stella 8.0 完成上述过程及其他相关要素的动力学模型构建，模型涉及的基本过程与变量如图 4.2 所示。

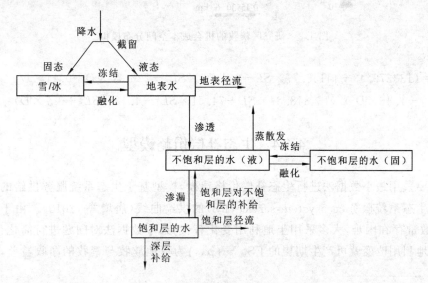

图 4.2 水源涵养服务模型中包含的状态变量和主要过程

4.1.3 机会成本模型

调查数据与研究区边界不完全重合,且一些地区地广人稀,不利于入户调查。利用空间化制图技术,得到研究区的机会成本空间分布,所需要的建模数据包括基于机会成本调查的 GIS 点属性数据、研究区 2009 年 DMSP F16 夜间灯光辐射数据和 SRTM DEM。栅格数据预处理在 ArcGIS 中完成,统一重采样为 1 000 m×1 000 m 分辨率的栅格图。提取各栅格点对应的灯光数据 DN 值和高程值,通过散点图检验发现,数据不符合普通的回归关系,因此利用非线性曲线拟合,利用 Matlab 编程,方法为"准牛顿法(BFGS)+通用全局优化法",收敛指标设为 $1.00×10^{-10}$,最大迭代数设为 1 000,实时输出控制数为 20。设灯光 DN 值为 SL,高程为 D,机会成本为 OC,共 10 个方程系数,RMSE 为 2.51,相关系数为 0.84,决定系数为 0.71。分别得到禁牧的机会成本空间分布(分辨率 25.81 m×25.81 m,元/亩①,图 4.3)和拟合的公式(4.12)。

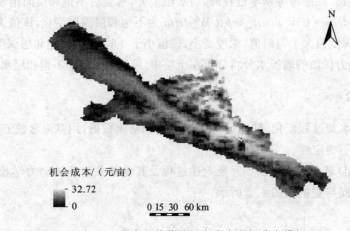

图 4.3 研究区禁牧的机会成本空间分布模拟

$$O=(133279.43+14156.77×SL-931.06×SL^2-226.70×D+0.11×D^2 \\ -1.46×D^3)/(1-348.37×SL+74.51×SL^2-4.13×SL^3+0.7×D) \quad (4.12)$$

4.1.4 生态补偿价格模型

主要采用最小数据法进行生态补偿价格建模,模型基于生态系统服务供给的机会成本推导生态系统服务(ecosystem service,ES)的供给曲线(唐增 等,2010)。由于直接测量 ES 数量存在困难,大多采用土地利用变化替代,最小数据法对问题进行简化,认为恰当的土地利用改变就可产生期望的 ES。$w(p,s)$ 为草地放牧与禁牧的净收益差,即机会

---

① 1 亩=666.67 m²。

成本。如果 $w(p,s)/e \leqslant p_e$,即提供单位水源涵养的机会成本小于政府给出的补偿价格时,则牧民会采用禁牧行为,假定禁牧后研究区低覆盖度和中覆盖度草地最终均转换为高覆盖度草地,则通过空间制图可以分别得到基期 LUCC 分布图(B)和禁牧 LUCC 分布图(S)。提供单位水源涵养服务的机会成本为 $\varphi(\omega/e) = \omega(p,s)/e$,可得到无生态补偿时禁牧比例和水源涵养服务供给初始值分别为

$$r(p) = \int_{-\infty}^{0} \varphi(\omega/e) \mathrm{d}(\omega/e) \tag{4.13}$$

$$S(p) = r(p) \cdot H \cdot e \tag{4.14}$$

式中:H 为每个补偿空间总面积,p 为无补偿的放牧收益价格;e 为水源涵养量(mm)。

进而分别得到对应新增水源涵养服务的价值和水源涵养服务总价值

$$S(p_e) = r(p,p_e) \cdot H \cdot e \tag{4.15}$$

$$S(p,p_e) = S(p) + r(p,p_e) \cdot H \cdot e \tag{4.16}$$

4.2 降水多元回归模型

4.2.1 降水预测模型概述

降水在农业和森林管理、水文-生态建模,环境影响评估等领域占有重要地位,相关工作通常需要空间连续的降水数据(孔云峰 等,2008;Alijani et al.,2008)。但降水量一般只能通过非常有限的站点进行观测,尤其在山区,受自然条件等因素制约,站点选址和建设非常困难。精确模拟和预测降水已成为一项极具挑战性的工作,这也是分布式水源涵养服务建模过程中面临的问题。近年来地理信息系统(GIS)快速发展,这为深入开展降水建模提供了更好的机会。

长期以来,国内外已有如何将有限站点同一时间内的实测值外推到区域的案例,并总结出多种方法(邓晓斌,2008;Gemmer et al.,2004)。主要包括统计模型法、空间插值法和综合方法三种类型。统计模型法是根据实测站点信息,建立降水量与地理位置、地形及气象等因子间的关系,分析降水量空间变化规律;空间插值法常用的有反距离加权插值法、全局多项式插值法、局部多项式插值法、径向基函数插值法、克里金插值法等;综合方法主要开发将统计模型同空间插值相结合的建模方法。但是,各种方法都有特定的假设、适用范围和优缺点,很难说哪个是最优空间内插方法,只存在特定条件下的最优结果。上述传统插值方法仅考虑了样本点之间的空间关系,未能考虑重要的地形参数,这些插值方法无法提供令人满意的降水量模拟精度,尤其是在地形复杂的山区。近年兴起的地统计方法对空间变异现象有更强的表现力,使得有可能对空间不确定性问题进行精确模拟,地统计方法已经成为气候学乃至整个地学跨学科研究的重要工具(朱求安 等,2005;Marquínez et al.,2003)。

随着降水建模中开始重视地理和地形因素,多种改进方法不断出现。如在地统计方

法中引入高程(朱会义 等,2004)、分析降水空间分布与地形关系(赵传燕 等,2008;何红艳 等,2005;Goovaerts,2000)。利用更高空间分辨率的数字高程模型(DEM,digital elevation model)可以更好地揭示地形变量在降水量模型中的作用,与 GIS、统计学的紧密结合的多元回归模型已经成为降水量模型发展的重要趋势。结合 GIS 和统计方法,利用气象数据和 DEM 构建一种多元非线性回归模型,用以模拟研究区降水量空间分布,主要基于五个因子进行分析:高程、坡度、坡向、经度和纬度。

4.2.2 降水空间分布建模方法与应用

1. 建模流程与方法

同样选取黑河干流山区,主要数据来源包括:选取研究区 21 个气象观测站点(图 4.4)的降水数据;获取研究区 DEM 数据,数据格网分辨率为 100 m;所选的观测站点海拔均介于 1 480～3 367 m 之间。具体采用各站点 1971～2000 年 30 年降水资料分析,并首先对数据缺测和误差等进行预处理,完成数据检验,然后用于空间插值建模。对数据统计分析表明,研究区 85.22% 的多年降水均发生在 5～9 月,因此将这 5 个月份划分为湿季,其余月份代表干季。干、湿季节划分的方法有利于深入分析不同情况下的模型应用效果。

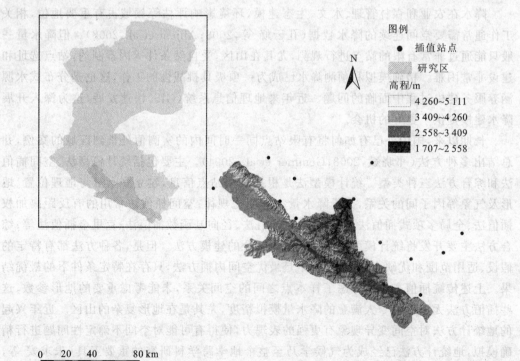

图 4.4 黑河干流山区气象观测站点分布图

首先,采用统计分析(站点降水量与经纬度、高程的统计关系)、反距离加权(inverse distance weight,IDW)、全局多项式(global polynomial interpolation,GPI)、局部多项式(local polynomial interpolation,LPI)、径向基函数(radial basis function,RBF)、普通克里金(ordinary kriging,OK)、普通协克里金(ordinary cokriging,OCK)等7种插值方法,对研究区降水量进行空间插值,利用ArcGIS探索性空间数据分析技术(exploratory spatial data analysis,ESDA)对插值效果进行定量比对,然后选择插值效果最优的插值方法。最终选用插值效果最好的普通克里格插值法构建模型。影响降水及其空间分布的因子很多,降水一般随高程增加而增加,坡度和坡向影响明显(Loyd et al.,2005),本书中还考虑地理位置,将表征研究区不同点相对位置的经度和纬度因子加入模型。

利用研究区100m分辨率的DEM为源数据,在ArcGIS中将数据投影坐标系统设置为WGS1984_Transverse_Mercator,在此基础上,利用空间分析工具生成五个建模所需的栅格图层:经度、纬度、坡度、坡向、高程。各栅格图层都是基于$100\,m\times100\,m$格网分辨率,然后导出各栅格图层中每个栅格的属性值,在SPSS软件中进行数据预处理,类似的,利用DEM分别生成基于100 m、500 m及1 000 m分辨率的上述五种栅格图,分别利用三种不同分辨率数据进行模型构建,考虑模型的使用范围及数据可获取性,利用研究区内的典型站点(莺落峡、野牛沟和祁连山站)自2001年以来的降水量数据进行模拟精度验证,最终分析不同尺度的变化规律及空间降水特征,具体的技术流程如图4.5所示。

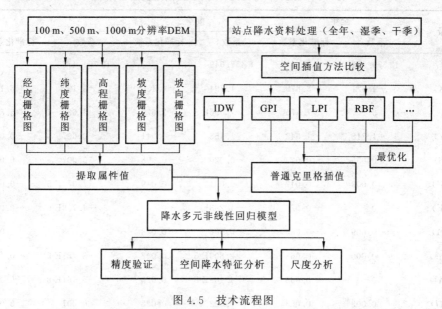

图4.5 技术流程图

融合多元回归和空间插值降水量的模拟方法能提高降水量预测精度(Ninyerola et al.,2007)。考虑到地形变量的影响,采用降水多元非线性回归模型分析

$$P=a+a_1gX+a_2gX^2+a_3gX^3+a_4gY++a_5gY^2+a_6gY^3+a_7gS \\ +a_8gS^2+a_9gS^3+a_{10}gA+a_{11}gA^2+a_{12}gA^3+a_{13}gH+a_{14}gH^2+a_{15}gH^3 \quad (4.17)$$

式中：P 为降水量(mm)；a 为常数项；a_X($X=1,2\cdots15$) 为独立变量系数项；X、Y 分别为经度(km)和纬度(km)；S 为坡度(°)；A 为坡向(°)；H 为高程(m)。三种格网分辨率下分别建立全年、湿季和干季模型，共有 9 种。

2. 建模结果分析

1) 精度分析

100 m、500 m、1 000 m 统计(表 4.1、表 4.2 和表 4.3)表明，不同空间尺度的模型 X^2、Y^2、Y^3、H^2 系数均为 0，这 4 个变量对降水量无贡献，剔除这 4 项。根据修正的拟合度系数(Adj_R^2)和 F 检验对比表明，100 m 分辨率的模型效果最好，1 000 m 的效果最差，说明随着 DEM 空间分辨率提高，模型精度相应增加。时间尺度上，全年、干季和湿季的模型精度也各有不同。3 种模型中，湿季降水回归模型均最显著，其次是全年降水回归模型，显著性最低是干季降水模型。这种规律表明，通过干湿季划分可以更好地解耦多年降水量，使得不同季节不同时段的降水量可以得以精确模拟，为基于降水的后续工作提供高精度数据支撑。以研究区年降水量为例，其计算公式($Adj\_R^2=0.807$)为

$$P=13579.361-4.571X-1.218Y-0.055S+0.003S^2-0.009A+0.003H \quad (4.18)$$

表 4.1 基于 100 m 分辨率的多元回归模型系数

变量	全年		湿季		干季	
	系数	标准化系数	系数	标准化系数	系数	标准化系数
a	13 579.361		8 457.049		15 791.418	
$a_1(X)$	−4.571	−8.879	−1.794	−4.439	−9.192	−46.155
$a_3(X^3)$	0	7.875	7.096E-8	2.679	4.638E-7	45.885
$a_4(Y)$	−1.218	−1.643	−1.158	−1.541	−0.007	−0.023
$a_7(S)$	−0.055	−0.023	−0.020	−0.008	0.007	0.008
$a_8(S^2)$	0.003	0.047	0.001	0.019	−7.074E-5	−0.003
$a_9(S^3)$	0	−0.023	−1.298E-5	−0.009	−4.739E-6	−0.009
$a_{10}(A)$	−0.009	−0.036	−0.006	−0.023	0.008	0.084
$a_{11}(A^2)$	0.000	0.068	2.809E-5	0.042	−3.781E-5	−0.147
$a_{12}(A^3)$	0	−0.038	−4.409E-8	−0.026	5.461E-8	0.073
$a_{13}(H)$	0.003	0.053	0.002	0.028	0.001	0.040
$a_{15}(H^3)$	0	−0.049	−3.901E-11	−0.026	−4.968E-12	−0.009
R^2	0.828		0.889		0.780	
Adj_R^2	0.807		0.871		0.679	
$F(<0.01)$	13.199		36.761		4.190	

表 4.2 基于 500 m 分辨率的多元回归模型系数

变量	全年		湿季		干季	
	系数	标准化系数	系数	标准化系数	系数	标准化系数
a	13 408.648		8 338.548		16 010.125	
$a_1(X)$	−4.475	−8.833	−1.725	−3.345	−9.312	−46.150
$a_3(X^3)$	2.009E-7	7.808	6.744E-8	2.575	4.698E-7	45.833
$a_4(Y)$	−1.217	−1.660	−1.159	−1.553	−0.009	−0.031
$a_7(S)$	0.061	0.011	0.044	0.008	−0.011	−0.005
$a_8(S^2)$	−0.012	−0.043	−0.007	−0.027	0.006	0.052
$a_9(S^3)$	0	0.030	0	0.018	0	−0.043
$a_{10}(A)$	0.004	0.018	0.002	0.006	0.001	0.009
$a_{11}(A^2)$	−3.166E-5	−0.046	−1.410E-5	−0.020	4.458E-6	0.016
$a_{12}(A^3)$	4.187E-8	0.021	1.995E-8	0.010	−6.090E-9	−0.008
$a_{13}(H)$	0.004	0.064	0.002	0.033	0.001	0.038
$a_{15}(H^3)$	−8.443E-11	−0.060	−4.339E-11	−0.030	−5.990E-12	−0.011
R^2	0.817		0.867		0.772	
Adj_R^2	0.797		0.858		0.665	
$F(<0.01)$	12.884		35.175		3.914	

表 4.3 基于 1 000 m 分辨率的多元回归模型系数

变量	全年		湿季		干季	
	系数	标准化系数	系数	标准化系数	系数	标准化系数
a	13 533.547		8 443.768		16 011.913	
$a_1(X)$	−4.544	−8.943	−1.783	−3.449	−9.314	−46.156
$a_3(X^3)$	2.04E-07	7.921	7.041E-08	2.681	4.70E-07	45.841
$a_4(Y)$	−1.218	−1.657	−1.16	−1.551	−0.009	−0.031
$a_7(S)$	0.074	0.013	0.056	0.01	0.002	0.001
$a_8(S^2)$	−0.014	−0.049	−0.009	−0.032	0.004	0.038
$a_9(S^3)$	0	0.033	0	0.021	0	−0.035
$a_{10}(A)$	0.008	0.032	0.005	0.019	0.002	0.026
$a_{11}(A2)$	−5.29E-05	−0.077	−3.439E-05	−0.049	−4.33E-06	−0.016
$a_{12}(A3)$	7.90E-08	0.039	5.579E-08	0.027	6.43E-09	0.008
$a_{13}(H)$	0.004	0.069	0.002	0.036	0.001	0.055
$a_{15}(H3)$	−9.23E-11	−0.064	−4.88E-11	−0.033	−1.69E-11	−0.029
R^2	0.806		0.859		0.758	
Adj_R^2	0.785		0.837		0.643	
$F(<0.01)$	12.048		31.854		3.788	

精度验证是确保降水空间分布模型可用的关键环节。利用莺落峡、野牛沟和祁连三个水文站 2001 年以来的降水实测数据验证，模拟选用效果最好的 100 m 分辨率构建的模型进行检验，通过预测值与模拟值相对误差验证模型模拟效果（图 4.6）。图中各站点数据均处理为全年、湿季和干季三种，与模型结果对比。全年降水模型按精度排序分别为：野牛沟＞莺落峡＞祁连；湿季降水模型为：莺落峡＞野牛沟＞祁连；干季降水模型中为：莺落峡＞祁连＞野牛沟。9 种模型模拟结果中，I-IX 最大相对误差 7.01%，为祁连站全年降水模型；最小相对误差 1.97%，为莺落峡站湿季降水模型。整体看，每种空间尺度下的模型均有较高精度，这在空间化的年降水量分析和数据生产中有较大应用价值。

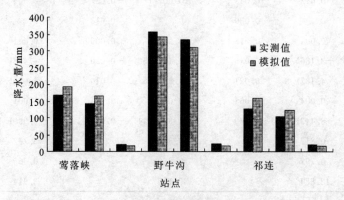

图 4.6 模型精度验证

2）降水特征分析

图 4.7 中，I、IV、VII 分别为 100 m、500 m、1 000 m 三种空间分辨率下的全年降水分布图。发现黑河干流山区近 30 年来年均降水量为 231～371 mm，区域分布不均匀，由西北向东南年降水量逐渐增加，沿野牛沟和祁连站大致画一条自西北-东南向的 45°线，线上侧降水明显减少。

图 4.7 中，II、V、VIII 分别为 100 m、500 m、1 000 m 三种空间分辨率下的湿季降水分布图，发现湿季（5～9 月）降水量为 200～337 mm，自西北向东南逐渐增加，有类似于年均降水量分界线的特点，但沿原 45°方向呈一条带状存在，地带性差异也有较好反映，较年均降水分布而言，湿季降水 45°带略微上移。5～9 月降水量占年降水量 65% 以上，径流量占年径流量的 80% 左右。5～9 月是中游绿洲植被和农作物的生长季，认识该时段降水量时空分布对研究区中下游的绿洲植被过程、生态环境评价与生态环境建设具有重要意义。

图 4.7 中，III、VI、IX 为 100 m、500 m、1 000 m 三种空间分辨率下干季降水分布，降水量范围为 64～12 mm，雨量明显减少，雨量空间分布特征也明显不同于全年降水和湿季降水，西北和东南降水较多，该区中段降水很少，且占整个研究区面积 50% 左右，低降水量的空间分布特征明显不同于前两种情况，说明在干季情况下，空间插值方法及模型空间表现力的精度都有一定程度下降。

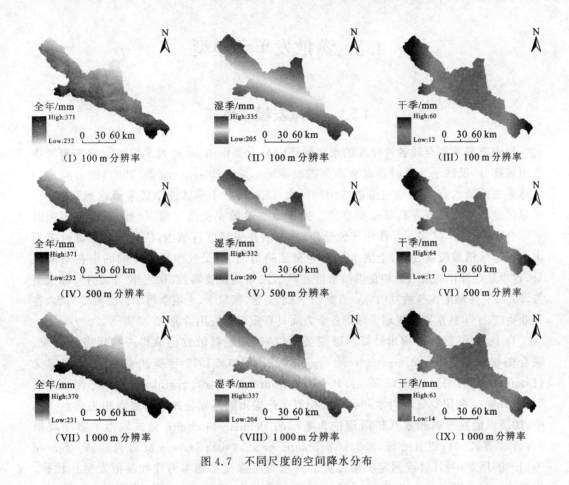

图 4.7 不同尺度的空间降水分布

另外、对比 DEM 可以发现,图 4.7 中高海拔地区降水明显高于其他地区,说明一定范围内,降水量随海拔升高而增加;同时,受地形和热力条件影响,山区降水明显多于周围地方。从全区域来看,多年平均降水分布与海拔高度 H 之间的显著相关程度最高。

基于 100 m 分辨率 DEM 的多元回归模型可以解释区内 74.5% 的年降水空间变异,不同空间尺度下,对湿季的降水量解释效果均好于全年和干季两种情景。分析发现年降水量区域分布有如下主要特点:区域分布不均匀,由西北向东南年降水量逐渐增加,由西北部不足 200 mm 增加至东南部 700 mm 左右;基于 100 m 分辨率的多年降水量分界线呈东北—西南走向;500 m 分辨率的多年降水量分界呈带状分布,有一定程度上移。

利用 DEM 和一些有限站点的降水数据进行多元非线性回归建模,该方法具有很强的移植性,可在其他区域开发类似的模型,并利用 GIS 技术实现空间化。建模结果为本章的水源涵养生态系统服务建模提供栅格输入数据。该方法也可用于生态系统服务与景观集成模拟的子模块开发。考虑到研究区盛行风因素,尤其是风向和强度的影响,这也应当是降水模型中的重要变量,数据受限暂未开展相应分析,今后在建模中加入空间化的风速变量有可能进一步提高模型精度。

4.3 蒸散发单元模型

4.3.1 蒸散发模型概述

地表蒸散发在全球各种尺度的水文循环中有重要作用,是地表水量与能量平衡的主要组成部分,反映了气象因素对地表蒸散发量的影响。Rosenberg 等(1983)指出降落到地球表面的降水有70%通过蒸散作用回到大气中,而在干旱区这个数字可达到90%,在干旱区进行蒸散发研究具有重要意义。由于地表蒸散发受微气象、植被、土壤等多项因子综合影响,因子之间相互作用比较复杂,故一般在中尺度区域内,估算蒸散发量时需先求出该地区植被覆盖充分、土壤水分供应充足的情况下,受气象条件影响的潜在蒸散发量,这也是计算作物需水量和荒漠植被潜在蒸散发量的重要参数(徐宗学 等,2010;韩兰英等,2008)。区域潜在蒸散发估算一直是农学、水文学、气象学、土壤学等学科的重要内容,在农业生产、干旱区水资源规划管理等各个方面具有重要的应用价值(普宗朝 等,2009)。

自1802年Dalton提出计算蒸散发公式以来,围绕蒸散发已取得一批代表性成果。联合国粮农组织(food argriculture organization, FAO)1977年提出潜在蒸散发定义(Doorenbos et al.,1977);随后 Penman-Monteith 公式、Swinbank 涡度相关法、Thornthwait 利用空气动力学和边界层相似理论提出的蒸发公式等都成为相关热点。其中,围绕以能量平衡和水汽扩散理论为基础的 Penman-Monteith 公式取得了多项成果(吉喜斌 等,2004;刘绍民 等,2004;Chehbouni et al.,2001;Carlson et al.,1995)。Jensen 等(1990)用20种计算或测定蒸散发量的方法与蒸渗仪实测参考作物蒸散发量作比较,发现 Penman-Monteith 公式在干旱地区或湿润地区都是效果最好的方法。1998年,FAO对参考作物潜在蒸散发重新定义,即潜在蒸散发量指作物株冠完全覆盖地面、高度不超过1 m且生长正常的作物(如苜蓿)在充分供水时的田间蒸散发水量,并推荐使用 FAO Penman-Monteith 公式(Allen et al.,1998),随后与之相关的应用迅速增加。

计算机建模试验是地学研究的重要方法之一,有助于理解复杂自然过程,培养系统思考能力。系统动力学(system dynamics, SD)是Forrester于1956年创立的一种分析复杂系统动态行为的方法。系统动力学根据信息反馈的控制原理和因果关系的逻辑分析,描述系统结构和模拟系统动态行为(Forrester,1992)。系统动力学适合解决具有动态反馈的系统问题,其理论与方法已开始应用于工业、经济、生态、环境等诸多学科领域。STELLA 软件将系统动力学思想与计算机建模相衔接,已成为重要的 SD 建模工具,具备强大的图形建模环境和简便的操作方式(Costanza et al.,1998)。本书利用 STELLA 构建 FAO Penman-Monteith 单元模型,并作敏感性分析,尝试将 SD 与生态建模结合。

利用河西走廊甘州区气象观测站点的2000年逐日气象资料,借助系统动力学方法,构建 FAO Penman-Monteith 单元模型,计算全年逐日参考作物潜在蒸散发量,并进行重要参数的敏感性分析。

4.3.2 蒸散发单元建模方法与应用

FAO Penman-Monteith 模型所需的逐日气象数据有：温度、风速、相对湿度、降水，甘州区内各站点月均太阳辐射等。气象数据来源于 2000 年太平堡村观测站，该站位于 E100.37°、N38.56°处，海拔 1 480m。Penman-Monteith 模型基于能量平衡、水汽扩散及空气热导原理构建，在 1948 年由英国科学家彭曼首次提出，被广泛应用于计算参考物潜在蒸散量。

1. 模型基础

FAO(1998)推荐改进的 Penman-Monteith 公式(Allen et al.,1998)，计算参考物潜在蒸散发量时具有相对较小的误差，其在中纬度地区精度很高，应用广泛。由于土壤热通量相对地表净辐射很小，加之数据受限，对 Penman-Monteith 公式简化，最终用其进行单元模型构建。

$$ET_o = \frac{0.408\Delta R_n + r\dfrac{900}{T+273}U_2(e_s-e_a)}{\Delta + r(1+0.34U_2)} \tag{4.19}$$

式中：ET_o 为潜在蒸散量($mm \cdot d^{-1}$)；R_n 为地表净辐射($MJ \cdot m^{-2} \cdot d^{-1}$)；$T$ 为 2 米高处日平均气温(℃)；e_s 为饱和水气压(kPa)；e_a 为实际水气压(kPa)；γ 为干湿表常数($kPa \cdot ℃^{-1}$)；Δ 为饱和水气压曲线斜率($kPa \cdot ℃^{-1}$)；U_2 为 2 米高处风速(m/s)。

2. 模型分量确定

1) 地表净辐射 R_n

净辐射 R_n 是进入的净短波辐射 R_{ns} 和支出的净长波辐射 R_{nl} 之差，除一些高纬度极特殊地区，每日的地表净辐射 R_n 一般总是正值。

$$R_n = R_{ns} - R_{nl} = (1-\alpha)\left(a_s + b_s \frac{n}{N}\right)R_a \\ -\sigma\left[\frac{T_{max,K}^4 + T_{min,K}^4}{2}\right](0.34-0.14\sqrt{e_a}) \times \left(1.35\frac{R_s}{R_{so}} - 0.35\right) \tag{4.20}$$

式中：α 为反照率，冰雪表面反照率最大可达到 0.95，在潮湿裸露土壤表面，最小为 0.05。绿色植被覆盖表面反照率大约为 0.20~0.25。单元模型取反照率为 0.23，并作参数敏感性分析。n 和 N 分别为实际日照时数、最大可能日照时数；a_s 和 b_s 表示到达地球表面的地球外辐射透过率，随大气状况(湿度、尘埃)和太阳倾角(纬度和月份)变化，这里取 $a_s = 0.25, b_s = 0.50$，并在计算中检验参数值；R_a 为地球外辐射($MJ \cdot m^{-2} \cdot d^{-1}$)；$\sigma$ 为斯蒂芬-波尔兹曼常数 4.903×10^{-9}($MJK^{-4} \cdot m^{-2} \cdot d^{-1}$)；$T_{max,k}$ 为一天中最高绝对温度(K)；$T_{min,k}$ 为最低绝对温度(K)；e_a 为实际水汽压(kPa)；$\dfrac{R_s}{R_{so}}$ 为相对短波辐射($\leqslant 1.0$)($MJ \cdot m^{-2} \cdot d^{-1}$)，可利用平均相对湿度估计实际水汽压，$R_s$ 和 R_{so} 均可根据观测或由方程推导计算；$(0.34-0.14\sqrt{e_a})$ 表示空气湿度订正项，若空气湿度增加，值将变小；用

$1.35\dfrac{R_s}{R_{so}}-0.35$ 表示云层影响,如果云量增加,R_s 将减少,值也减少。地表净辐射 R_n 各分量的具体计算方法是

$$R_a = \dfrac{34(60)}{\pi} G_{sc} d_r [\omega_s \sin(\varphi)\sin\delta + \cos(\varphi)\cos(\delta)\sin(\omega_s)] \tag{4.21}$$

$$d_r = 1 + 0.033\cos\left(\dfrac{2\pi}{365}J\right) \tag{4.22}$$

$$\delta = 0.409\sin\left(\dfrac{\pi}{365}J - 1.39\right) \tag{4.23}$$

$$\omega_s = \dfrac{\pi}{2} - \arctan\left(\dfrac{-\tan(\varphi)\tan(\delta)}{(1-[\tan(\varphi)]^2[\tan(\delta)]^2)^{0.5}}\right) \tag{4.24}$$

$$R_s = \left(a_s + b_s \dfrac{n}{N}\right)R_a \tag{4.25}$$

$$R_{so} = (0.75 + 2\times 10^{-5} z)R_a \tag{4.26}$$

$$e_0(T) = 0.6108 \times \exp\left[\dfrac{17.27T}{T+237.3}\right] \tag{4.27}$$

式中:$e_0(T)$ 为气温 $T(\text{℃})$时对应的饱和水汽压(kPa)。

式(4.21)~(4.27)中,R_a 由太阳常数、太阳倾角和某一天在一年中所处时序位置估计;G_{sc} 为太阳常数 $0.0820(\text{MJ}\cdot\text{m}^{-2}\cdot\text{min}^{-1})$;$d_r$ 为日地相对距离;φ,δ,ω_s 分别为纬度、太阳倾角及日落时角(rad);J 为儒略日,取值范围为 1 到 365 或 366;z 为站点海拔高度(m)。

2)干湿表常数 $\gamma(\text{kPa}\cdot\text{℃}^{-1})$

由式(4.28)计算:

$$\gamma = \dfrac{c_p P}{\varepsilon \lambda} = 0.665 \times 10^{-3} P \tag{4.28}$$

式中:P 为大气压(kPa);λ 为蒸发潜热,在正常情况下,随气温波动变化不大,取 $2.45\ \text{MJ}\cdot\text{kg}^{-1}$,代表气温 20 ℃左右的蒸发潜热;空气定压比热 c_p 取值为 $1.013\times 10^{-3}\ \text{MJ}\cdot\text{kg}^{-1}\cdot\text{℃}^{-1}$;$\varepsilon$ 为水与空气分子量之比,约为 0.622。

由于大气压变化所引起的潜在蒸散发量变化较小,因此在计算过程中用区域大气压平均值即可。利用理想气体简化,假定标准大气温度为 20 ℃,则大气压 P 可用式(4.29)计算,Z 为当地的海拔高度(m),取太平堡村观测站的海拔 1480 m。

$$P = 101.3 \times \left(\dfrac{293 - 0.0065z}{293}\right)^{5.26} \tag{4.29}$$

3)水汽压亏缺($e_s - e_a$)

指给定时间内饱和水汽压和实际水汽压之差。RH_{mean} 为平均相对湿度。

$$e_s - e_a = \dfrac{e_0(T_{\max}) + e_0(T_{\min})}{2} - \dfrac{RH_{mean}}{100}\left[\dfrac{e_0(T_{\max}) + e_0(T_{\min})}{2}\right] \tag{4.30}$$

4)风速

水汽移动速度在很大程度上依赖于风速和空气扰动,在水分蒸发过程中,参考物蒸发表面空气由于水汽增多逐渐饱和,如这些空气没有被更干燥的空气代替,水汽移动的

驱动力和蒸散率会减小。一般在 2 m 高处测量风速，其他高度观测的风速需订正。μ_2 为 2 m 处风速(m·s^{-1})；z 为风速计距地面高度(m)；μ_z 为 z 米处测量风速。

$$\mu_2 = \mu_z \frac{4.87}{\ln(67.8z - 5.42)} \tag{4.31}$$

4) 饱和水汽压曲线斜率 Δ

由气温 T 推导(kPa·℃$^{-1}$)：

$$\Delta = \frac{4098 \times \left[0.6108 \times \exp\left(\frac{17.27T}{T+237.3}\right) \right]}{(T+237.3)^2} \tag{4.32}$$

3. 系统模型构建

根据模型基础和模型分量确定的函数关系式建立基于系统动力学的单元模型，最终完成图形化建模(图 4.8)。基于系统动力学构建的 FAO Penman-Monteith 模型中包括 6 个常量，23 个计算变量，4 个图函数，图 4.8 中各参数的编码意义详见表 4.4。

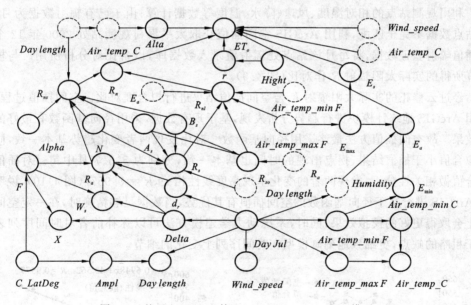

图 4.8 基于 STELLA 的 FAO Penman-Monteith 模型

表 4.4 模型主要参数

变量	代表字符	变量	代表字符	变量	代表字符
$Alpha$	反照率	ET_o	潜在蒸散发	$Day\ length$	实际日照时数
A_s	回归常数	$Wind\_speed$	风速	$Delta$	太阳倾角
B_s	辐射系数	$Humidity$	相对湿度	d_r	日地相对距离
C_LatDeg	纬度	Air_temp_minF	日最小温度	E_a	日实际水汽压

续表

变量	代表字符	变量	代表字符	变量	代表字符
$Hight$	高度	Air_temp_maxF	日最大温度	E_{min}	日最大水汽压
N	最大日照时数	X	日落时参数	E_{max}	日最小水汽压
Air_temp_C	温度	W_s	日落时角	R_{nl}	净长波辐射
Air_temp_minC	低温转换系数	γ	干湿表常数	R_n	净辐射
$Aita$	饱和水汽压曲线斜率	R_{so}	晴空太阳辐射	E_s	饱和水气压
$Ampl$	日照转化系数	R_s	实际太阳辐射	F	纬度（弧度）
$Day\ Jul$	儒略日	R_{ns}	净短波辐射	R_a	日地球外辐射

4. 模型结果分析

1）R_s 拟合度分析

利用观测站点的相对湿度、风速、降水、温度等数据计算；由于已有辐射数据为月值，各站点数据不完全匹配，利用 ArcGIS 空间插值获取太平堡村观测站处 2000 年 12 个月的插值辐射验证数据，将每月该站点处辐射值录入数据库，以备比对分析所用。与模型计算所得的实际太阳辐射 R_s 作对比（图 4.9）。

经过云修正的实际太阳辐射 R_s 与空间插值结果进行拟合度对比。空间插值过程中，利用 ArcGIS 地统计模块进行趋势分析发现，基于现有数据，采用径向基函数有最好的插值效果。故空间插值方法最终采用径向基函数。对比发现两者变化趋势基本一致，同时段拟合值小于插值结果，拐点出现的时间也基本一致，分别为 5、6、7 月中旬。对插值和拟合值做相关性分析，发现两者的变化呈现高度线性相关，$R^2=0.9577$（图 4.10），说明利用 ArcGIS 进行基于径向基函数的空间插值有其优势，当数据足够精确时，在一定空间尺度上会取得更好的模拟效果；同时，系统动力学建模方法可以弥补前者对时间序列表现过于粗略的缺点，更细致地刻画模型在时间序列上变化的细节。

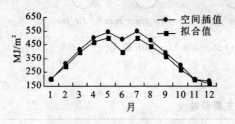

图 4.9 拟合度对比

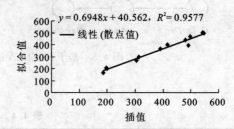

图 4.10 相关性检验

2）潜在蒸散发 ET_o 估算

利用 FAO Penman-Monteith 单元模型进行计算，得出潜在蒸散发 ET_o；为检验模型计算效果，将结果与 SEBS(surface energy balance system) 模型所得的蒸散发估算值进行对比，SEBS 是由 Su 等(2002)提出的一个模型，通过估算大气湍流通量和蒸发比，进而对较大区域范围地表能量通量进行估算。利用已有 SEBS 计算结果做验证数据,对两者结果进行时间序列对比(图 4.11)。

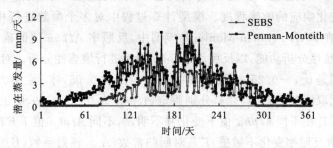

图 4.11 模型蒸散发估算对比

基于 FAO Penman-Monteith 模型的潜在蒸散发 ET_0 估算值和基于 SEBS 估算值变化趋势基本一致,但 FAO Penman-Monteith 模型估算的 ET_0 总体上大于 SEBS 模型结果,对 1~3 月中旬、10 月中旬到 12 月的模拟变化较为清晰;ET_0 在 5~8 月之间较大,由图 4.12 知,该时期温度值也较大,通过相关性分析发现两者有如下关系:$y = 1.1973e^{0.0664x}$,x 为温度,y 为 ET 值,复相关系数 $R^2 = 0.7167$,表明温度与潜在蒸发量有较好的相关性。同时,降雨量在 5~8 月增强,地表水分增多,加之此段时间内温度较高,造成更大的蒸发;相对湿度和潜在蒸散发之间未发现有明显的相关性,分析风速与 ET_0 之间的关系,发现两者之间拟合关系最好的公式为:$y = -0.0002x^2 + 0.0618x - 0.7208$,复相关系数 $R^2 = 0.5991$,相关性不明显,说明风速对 ET_0 的影响不太明显,但好于湿度。通过对影响潜在蒸散发 ET_0 的气象因子分析可认为,影响潜在蒸散发 ET_0 的关键因子有:降雨、温度;风速也起一定作用,较前两者而言,作用较弱;由于相对湿度较小,对 ET_0 的影响不大。

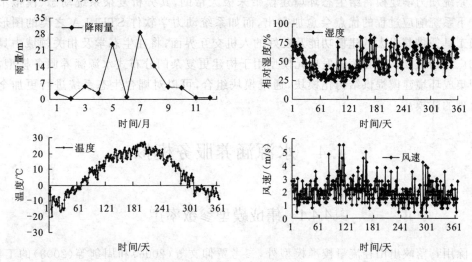

图 4.12 甘州区气象参数变化

3) 敏感性分析

利用 STELLA 敏感性分析模块，分析关键参数的敏感性，通过敏感性分析发现目标变量对某参数变化响应的敏感程度。模型计算过程中对多个参数进行相应的敏感性分析。一般来说，在 FAO Penman-Monteith 模型中，反照率 $Alpha$ 值的确定十分关键，利用 STELLA 敏感性分析功能，以反照率 $Alpha$ 为例进行敏感性分析。对绿色植物而言，$Alpha$ 取值范围是 0.2～0.25，潮湿裸露的土壤表面为 0.05，冰/雪为 0.9，模型计算取 0.23。为检验此取值对 ET_0 的影响，分别假定 $Alpha$ 为 0.23、0.59、0.95（图 4.13）。发现潜在蒸散发 ET_0 在不同 $Alpha$ 值下变化并不明显，不同 $Alpha$ 值下 ET_0 最大差值 0.2，变幅很小，ET_0 对反照率变化不敏感；ET_0 对回归常数（A_s）、辐射系数（B_s）和纬度值（取值为 37°～39°）变化也不敏感。模型反照率、A_s、B_s 取值较合理，在中纬度（37°～39°）地区进行 FAO Penman-Monteith 模型估算也是合理的。利用敏感性分析可以更容易的抓住问题本质，分出主次。对于参数众多、要素之间相互作用复杂，过程响应机理分析困难的情况，采用基于系统动力学的单元建模方法有利于参数敏感性分析。

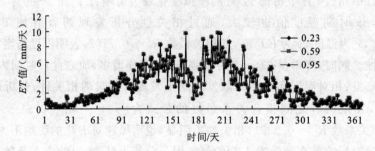

图 4.13 反照率 Alpha 敏感性分析

系统动力学建模将给生态环境建模带来极大帮助，其分析复杂系统动态、模拟不同条件下系统响应过程的优点会愈加突出，而如系统动力学软件 STELLA 之类的图形化建模工具凭借其强大的建模功能及友好的人机交互界面，将在生态学及相关领域中具有更加广阔的前景。潜在蒸散发单元模型用于构建更复杂的分布式水源涵养服务模型，为实现集成环境建模提供结构化模块，通过模块组合，可以对耦合生态系统进行更加全面和合理的建模。

4.4 水源涵养服务模拟

4.4.1 集成模型参数率定

除用莺落峡出山径流量校准模型外，参考贾仰文等（2006）和周剑等（2008）的工作，确定截流约占总降水量 5%，径流量约占 30%，蒸散发约占 65%，其中植被蒸腾和土壤蒸发量各占总蒸散发量 50%，融雪径流占地表径流 40%，作为模型调参辅助信息，此外还使用了 SME 空间汇流算法,最终主要率定参数见表 4.5。

表 4.5 黑河干流山区水文模型主要参数列表

参数名称	含义	数据属性	取值
MacH	植物高度	依赖于土地利用类型	空间分布图
MacLAI	植物叶面积指数	依赖于土地利用类型	空间分布图
C_SW_melt	融雪因子	依赖于土地利用类型	空间分布图
$C\_hab\_cov\_pr$	植被覆盖度	依赖于土地利用类型	空间分布图
$C\_porosity$	土壤孔隙度	依赖于土壤类型	空间分布图
C_field_cap	田间持水量	依赖于土壤类型	空间分布图
C_co_rain	降雨量调整因子	集总式	1.1
C_co_snow	降雪量调整因子	集总式	1.3
$C\_co\_SnowRain$	雨/雪临界温度	集总式	2
$C\_ad\_DW\_temp$	地温调整因子	集总式	1.5
$C\_UW\_Temp\_Max$	不饱和层冻融最高临界温度	集总式	0
$C\_UW\_Temp\_Min$	不饱和层冻融最低临界温度	集总式	−8
$C\_ic\_SW\_depth$	地表水初始深度	集总式	0
C_ic_Snow	雪/冰初始深度	集总式	0
C_Soil_depth	土壤深度	集总式	1.5
$C\_ic\_UW\_depth$	不饱和层深度	集总式	0.6
$C\_ic\_UW\_moist$	不饱和层的初始潮湿比例	集总式	0.3
C_ic_UW	不饱和层初始液态含水量	集总式	0
$C\_intercep$	降水截流系数	集总式	0.05
C_evap	潜在蒸发调整因子	集总式	0.008 1
C_evap_hab	植被蒸腾调整因子	集总式	0.13
C_evap_soil	土壤蒸发调整因子	集总式	0.45
C_base_flow	基流调整系数	集总式	0.002
C_Infilt	渗透系数	集总式	0.28
C_SW_freeze	地表水冻结系数	集总式	0.000 5

在 SME 中完成模型配置。分布式模型配置及建模原理等其他细节可参考梁友嘉(2012)的工作。最终,得到 1996～2011 年研究区出山口逐日地表径流量模拟值(单位:m³/s),并与 1996～2000 年和 2004 年的实测值进行对比(图 4.14),变化趋势基本吻合。利用基本检验参数评价模型模拟结果,具体包括:NSE 为 0.69,B 为 −0.13,EV 为 0.62。1～4 月和 10～12 月模拟水量偏高,分析区内气象站点降水数据发现:每年 5～9 月份水量较大,其余月份山区地表水基本处于冻结状态;模拟结果约有 7 天左右时滞;个别年份有极值,如 1998 年、2003 年和 2008 年。2000 年和 2004 年代表黑河实施分水政策前后的

不同时期,相对误差分别为 -0.21% 和 0.46%。

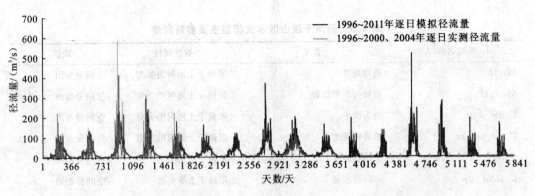

图 4.14　莺落峡 1996~2011 年出山径流量与实测结果对比

4.4.2　水源涵养服务模拟与补偿价格估算

1. 土壤含水量模拟

考虑到模拟结果要用于反映生态系统涵养水源的服务价值,选择模型输出的空间化不饱和层土壤含水量新增量。初步构建的不同禁牧情景有 6 种,分别反映不同禁牧情景下的生态系统服务变化,在梁友嘉(2012)中有详细阐述,由于建模思路和分析方法类似,这里只介绍两种情景的分析结果。在 SME 中,重新配置已建立的模型,利用空间制图获取的完全禁牧 LUCC 图代替模型中的基期 LUCC 图,将 2011 年不饱和层土壤含水量配置为模型的空间输出变量,并分别提取 5~9 月中每月 1 日、15 日和 30 日结果,分别取均值,得到基期(B)和禁牧情景(S)的土壤含水量空间分布,可以发现禁牧后流域东南部区域土壤含水量普遍增加(图 4.15,单位为 cm)。

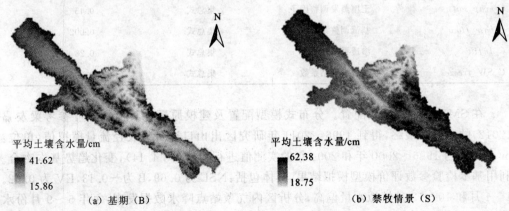

图 4.15　不同情景 2011 年 5~9 月平均土壤含水量空间分布

2. 生态补偿价格估算

1) 单位补偿价格的空间化

利用图 4.15 得到新增土壤含水量分布;结合 2011 年禁牧机会成本分布,得到空间化的新增水源涵养服务对应的机会成本当量 $\omega(p,s)/e$(图 4.16)。新增量基本集中在肃南县几个乡镇,无人区无显著变化。

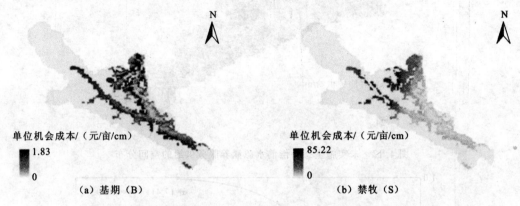

图 4.16 基期(B)和禁牧(S)情景下新增单位水源涵养服务对应的机会成本

2) 基期水源涵养服务供给

通过栅格计算,将模型模拟的初始土壤含水量(cm)分布转换为水源涵养服务供给分布(图 4.17,单位为 m^3),未实施生态补偿时,初始生态系统服务供给利用已确定的算法获取,并通过 ArcGIS 的 Zonal 函数得到未实施补偿之前的水源涵养服务的初始均衡值 $S(P)$ 为 $3.03\times10^9 \ m^3$;未实施补偿时各种类型的草地面积分布情况为:高覆盖度草地 2 243 km^2,中覆盖度草地 2 558 km^2,低覆盖度草地 641 km^2,分别占研究区土地利总面积的 26.89%、30.68% 和 7.69%,可见未实施补偿前,中覆盖度草地最多,低覆盖度草地最少。

3) 完全禁牧情景下水源涵养服务供给

禁牧时草地类型变化情况为:低、中覆盖度草地消失,高覆盖度草地最终可增加到 55 442 km^2,占总面积 65.26%。通过 Matlab 编程,模拟由基期转变为完全禁牧情景的新增高覆盖草地禁牧比例与补偿价格(图 4.18)。当每亩地的生态补偿价格确定为 1.22 元时,禁牧情景中可能会在原有基础上新增 50% 的高覆盖度草地。当每亩地补偿价格增加到 17.42 元时,该假设情景可能会完全发生,新增水源涵养服务供给总量可能约为 $8.97\times10^8 \ m^3$(图 4.19)。

综上,最终得到区内禁牧情景下生态系统服务供给的几个重要指标(表 4.6),总补偿价格根据临界补偿价格和新增生系统服务量确定。每个栅格单元的水文过程不尽相同,导致同一单位补偿价格对应的栅格土壤含水量可能不同,实际中可以基于栅格 ES 结果嵌套不同分析尺度的边界图分析,以实现多尺度的空间化水源涵养服务分析。

图 4.17 未实施生态补偿前水源涵养服务供给的空间分布

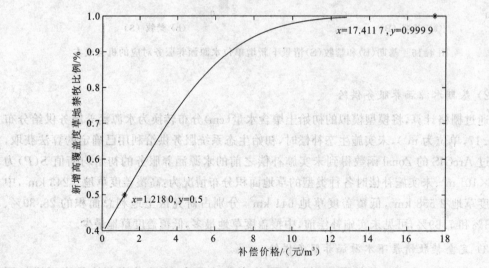

图 4.18 完全禁牧情景下单位面积补偿价格与禁牧比例变化关系

图 4.19 完全禁牧情景下新增的水源涵养服务供给空间分布

表 4.6 禁牧情景下水源涵养量变化及补偿价格

情景	初始 ES/×10^9 m^3	补偿单价/(元/亩/m^3)	新增 ES/×10^8 m^3	补偿总价/10^{8}元	ES 总量/×10^9 m^3
S_B	3.03	17.42	8.97	156.25	3.927

4.5 小　结

干旱区流域尺度最需要解决的关键问题都是集成层面的问题。借助集成建模理论和方法,以系统性视角认识复杂系统多要素相互作用机理,通过定量描述自然-人文耦合过程变化,能够为宏观层面的战略决策提供可能的参考依据。基于甘临高绿洲上游的黑河干流山区,开发了基于自然过程的日尺度单元水文模型,并集成 LUCC 空间制图和机会成本调查结果,得到禁牧情景下变化的水源涵养服务供给,最终完成生态补偿估算的建模和案例开发。整个过程耦合了自然-人文要素,从建模到面向决策的生态补偿定量分析,初步搭建了一种面向水源涵养生态系统服务的集成建模框架。

集成建模过程中还存在一些问题,一是对自然过程的认识和理解还有待加强,进一步提高建模精度;二是关键人文要素空间化和 LUCC 集成建模需要加强,还要开发新技术,可尝试使用多模型模拟、对比和嵌套调用,如引入 CA、ABM 等最新方法,因此本书专门另设章节探讨景观格局模拟及驱动力分析方法,并在不同的生态系统服务类型分析中详细探讨景观格局变化对生态系统服务建模的影响。

参 考 文 献

陈仁升,康尔泗,杨建平,等,2002.黑河山区流域月蒸发力计算模型.水文,22(6):5-10.
程国栋,2002.黑河流域可持续发展的生态经济学研究.冰川冻土,24(4):335-343.
程国栋,肖洪浪,李彩芝,等,2008.黑河流域节水生态农业与流域水资源集成管理研究领域.地球科学进展,23(7):661-665.
邓晓斌,2008.基于 ArcGIS 两种空间插值方法的比较.地理空间信息,6(6):85-87.
韩兰英,王宝鉴,张正偲,等,2008.基于 RS 的石羊河流域植被覆盖度动态监测.草业科学,25(2):11-15.
何红艳,郭志华,肖文发,2005.降水空间插值技术的研究进展.生态学杂志,24(10):87-91.
吉喜斌,康尔泗,赵文智,等,2004.黑河流域山前绿洲灌溉农田蒸散发模拟研究.冰川冻土,26(6):713-719.
贾仰文,王浩,严登华,2006.黑河流域水循环系统的分布式模拟:模型开发与验证.水利学报,37(5):534-542.
康尔泗,程国栋,蓝永超,等,1999.西北干旱区内陆河流域出山径流变化趋势对气候变化响应模型.中国科学(D辑),29(S1):48-54.
康尔泗,程国栋,蓝永超,等,2002.概念性水文模型在出山径流预报中的应用.地球科学进展,17(1):18-26.
孔云峰,仝文伟,2008.降水量地面观测数据空间探索与插值方法探讨.地理研究,27(5):1097-1108.
梁友嘉,2012.黑河流域干流山区集成建模-以生态补偿价格估算为例.兰州:中国科学院寒区旱区环境与工程研究所.

刘绍民,孙睿,孙中平,等,2004. 基于互补相关原理的区域蒸散量估算模型比较. 地理学报,5(3): 331-340.

普宗朝,张山清,2009. 气候变化对新疆天山山区自然植被净第一性生产力的影响. 草业科学,26(2): 11-18.

唐增,黄茄丽,徐中民,2010. 生态系统服务供给量的确定:最小数据法在黑河流域中游的应用. 生态学报,30(9):2354-2360.

王中根,刘昌明,左其亭,等,2002. 基于 DEM 的分布式水文模型构建方法. 地理科学进展,21(5): 430-439.

徐宗学,程磊,2010. 分布式水文模型研究与应用进展. 水利学报,41(9):1009-1017.

赵传燕,冯兆东,南忠仁,2008. 陇西祖厉河流域降水插值方法的对比分析. 高原气象,27(1):208-214.

周剑,李新,王根绪,等,2008. 一种基于 MMS 的改进降水径流模型在中国西北地区黑河上游流域的应用. 自然资源学报,23(8):724-736.

朱会义,贾绍凤,2004. 降水信息空间插值的不确定性分析. 地理科学进展,23(2):34-41.

朱求安,张万昌,2005. 流域水文模型中面雨量的空间插值. 水土保持研究,13(4):11-14.

ALCAMO J, HENRICHS T, RÖSCH T, 2000. World Water in 2025-Global Modeling and Scenario Analysis for the World Commission on Water for the 21st Century. Kassel: University of Kassel.

ALIJANI B, GHOHROUDI M, ARABI N, 2008. Developing a climate model for Iran using GIS. Theoretical and applied climatology, 92(1):103-112.

ALLEN R G, PEREIRA L S, RAES D, et al., 1998. Crop evapotranspiration. Guidelines for computing crop water requirements. Rome Irrigation and Drainage Paper, FAO:300.

CARLSON T N, CAPEHART W J, GILLIES R, 1995. A new look at the simplified method for remote sensing of daily evapotranspiration. Remote sensing of environment, 54:161-167.

CHEHBOUNI A, NOUVELLON Y, LHOMME J P, et al., 2001. Estimation of surface sensible heat flux using dual angle observations of radiative surface temperature. Agricultural and forest meteorology, 108:55-65.

COSTANZA R, WAINGER L, BOCKSTAEL N, 1997. Integrated Ecological Economic Systems Modeling: Theoretical Issues and Practical Applications. //Frontiers in Ecological economics. Cheltenham:Edward Elgar Publishing limited:351-375.

COSTANZA R, GOTTLIED S, 1998. Modelling ecological and economic systems with STELLA: Part II. EcolMod, 112(2):81-84.

DOORENBOS J, PRUITT W O, 1977. Guidelines for predicting crop water requirements. FAO Irrigation and Drainage Paper.

FORRESTER J W, 1992. From the ranch to system dynamics: An autobiography. Management Laureates: A Collection of Autobiographical Essays. Greenwich: JAI Press: 343-369.

GEMMER M, BECKER S, JIANG T, 2004. Observed monthly precipitation trends in China 1951-2002. Theoretical and applied climatology, 77(1/2):39-45.

GOOVAERTS P, 2000. Geostatical approaches for incorporating elevation into the spatial interpolation of rainfall. Hydrol, 228(1):113-129.

JENSEN M E, BURMAN R D, ALLEN R G, 1990. Evapotranspiration and irrigation water requirements. A SCE manuals and reports on engineering practice, 70:332.

LOYD C D, 2005. Assessing the effect of integrating elevation data into the estimation of monthly precipitation in great Britain. Journal of hydrology,308(1):128-150.

MARQUÍNEZ J, LASTRA J, GARCÍA P, 2003. Estimation models for precipitation in mountainous regions: the use of GIS and multivariate analysis. Journal of hydrology,270(1):1-11.

MAXWELL T, COSTANZA R, 1997. A language for modular spatial temporal simulation. Ecological modeling,103(2/3):105-114.

MONFREDA C, WACKERNAGEL M, DEUMLING D, 2004. Establishing national natural capital accounts based on detailed ecological footprint and biological capacity assessments. Land use policy,21: 231-246.

NINYEROLA M, PONS X, ROURE J M, 2007. Monthly precipitation mapping of the Iberian Peninsula using spatial interpolation tools implemented in a Geographic Information System. Theoretical and applied climatology,89(3/4):195-209.

ROSENBERG N J, BLAD B L, VERMA S B, 1983. Microclimate: the biological environment of plants. 2nd ed. New York: John Wiley and Sons:495.

SAXTON K E. McGuinness J L, 1982. Evapotranspiration//Haan C T, Johnson H P, Brakensiek D L, eds. In Hydrologic Modeling of Small Watersheds. St. Joseph, ASAE Monograph,5:229-273.

SU Z, 2002. The surface energy balance system (SEBS) for estimation of turbulent heat fluxes. Hydrology and earth system sciences discussions,6(1):85-100.

第 5 章 气候调节生态系统服务集成建模

干旱区生态系统影响区域尺度的气候变化。在区域尺度,土地覆盖的变化会影响区域的降水、温度和风环境变化;在全球尺度,通过固存或排放温室气体会对气候变化过程产生重要影响。气候调节服务的案例开发还在起步阶段,以河谷型盆地及周边区域为例,开发面向风环境的小尺度生态系统服务集成建模方法,并发展面向区域气候舒适度评价的中尺度定量评估方法。

5.1 微尺度风环境模拟模型

5.1.1 微尺度风环境建模框架概述

1. 建模框架

通过引入计算流体力学(computational fluid dynamic,CFD)方法开展面向风环境的小尺度生态系统服务集成建模。CFD 解析方法是建立在 Navier-Stoke 方程近似解基础上的计算技术,目前有FLUENT、CFX、STAR-CD、FIFIP、PHOENICS 等商用建模软件,在工程领域和自然科学研究中正发挥着越来越大的作用。其中,FLUENT 软件包含丰富而先进的物理模型,使用户能够精确地模拟无粘流、层流和湍流的发生过程,其中,湍流模拟是风环境模拟的难点,已开发的湍流模型主要包括:Spalart-Allmaras 模型、k-ω 模型组、k-ε 模型组、雷诺应力模型(RSM)组、大涡模拟模型(LES)组以及最新的分离涡模拟(DES)和 V2F 模型等。

随着高分辨率卫星遥感资料的广泛应用,结合高精度数值地形模型(digital terrain model,DTM)和 CFD 的集成模拟方法已成为复杂地形风环境模拟的新方法;同时,高分辨率土地覆盖数据、NECP、MICAPS 等大气观测资料也为 CFD 模型运行提供了初始边界条件(Hargreaves et al.,2007),为中微尺度模型耦合提供了新方向。

河谷型城市作为一种特殊的复杂地形,除具有与普通山地共有的特性外,因其特殊的地形特征,容易引起局地环流,如谷风及热岛效应,进而长期影响局地气候变化,并对温室气体排放或固存产生影响,相关案例较少。Musemić 等(2007)利用 CFD 超级大涡模拟(large eddy simulation,LES)方法分析了污染气流在山谷中扩散的过程;Gergely 等(2007)应用 CFD 开展大气模拟中的中微尺度耦合建模,分别分析了河谷型地区的热力环流,重力波及风场变化;李磊等(2010)以 NECP 再生资料为背景场,用中尺度数值模式(region atmosphere model system,RAMS)模拟佛山峡谷地区 8 km×8 km 的风场大气初始边界条件和风资源变化。

气象资料和地形资料为 CFD 提供初始边界条件及网格生成,为开展相应的风场模拟提供了捷径。目前,高利用度、高精确度和大范围区域覆盖的 DTM 资料是影响模拟精度的重要影响因素(Garcia et al.,2006)。随着遥感技术发展,已提供多种数值高程模型方法,如卫星影像匹配(satellite image matching,SIM)、干涉合成孔径雷达(interferometric synthetic aperture radar,InSAR)与激光雷达(light detection and ranging,LiDAR)等,可快速制成大范围和高精度的 DTM 地形资料,如航天飞机雷达地形测绘计划(shuttle radar topography mission,SRTM)、先进星载热发射和反射辐射仪全球数字高程模型(the advanced space borne thermal emission and reflection radiometer,ASTER)等资料,用户可以通过多种渠道获取免费的数据产品。具体建模框架见图 5.1。

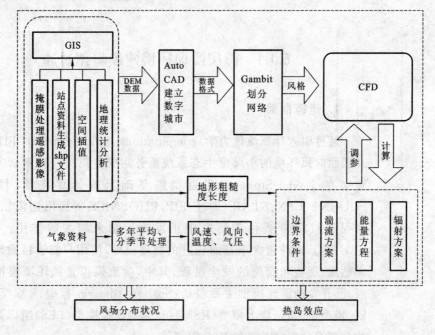

图 5.1　风环境模拟集成建模框架

应用CFD风场模拟技术，以河谷盆地型的典型代表兰州市城关区为例，围绕近地表低空风场模拟，主要开展：①基础数据库构建：收集城关区2000~2009年地面气象资料和SRTM地形数据；②模拟建立三维的计算区域，将国际空间信息农业研究联盟协商小组SRTM数据集的DTM资料转换为CFD前处理软件Gambit的数据识别格式，应用其Journal功能生成地面网格，然后生成体网格；③求解各守恒方程式及物理模型，包括Navier-Stokes方程和紊流模型等，将建构完成的计算网格导入CFD模型，依照地表不同大气条件对低空风场变化及其影响特性开展数值模拟；④进行不确定性分析，讨论建模结果和建模方法可能的应用前景。

2. 区域概况和数据处理

兰州市城关区盆地位于黄河谷地（图5.2），整体呈东西走向，南依皋兰山，北临白塔山，黄河自西向东穿过盆地，形成"两山夹一河"的独特地貌特征。位于103°47′24″E~103°57′24″E和36°0′55″N~36°3′51″N之间，平均海拔1 520 m，南部最高2 150 m，北面最高为1 800 m，城区内黄河段宽约0.5~0.8 km。属温带大陆性气候，降水少，日照长，光能潜力大。气候干燥，年平均气温10.3 ℃，年温差、日温差均较大。年平均日照时数为2 446小时，无霜期180天，年平均降水量327 mm，集中在6~9月。另外，城关区也是兰州市社会经济文化的重要节点区域，人口密度大，人类活动剧烈，这种特殊的自然人文要素相互作用极具代表性，外加地形、地貌和气象条件等因素，导致其一直是我国空气污染较严重的城市之一，风场环境变化过程分析是定量评价风资源调节气候过程的关键环节，也是当前城市生态系统服务集成研究非常欠缺的工作。

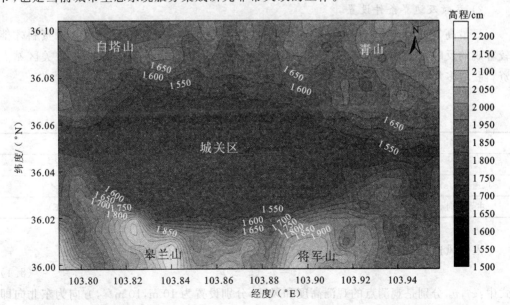

图5.2　兰州市城关区地形图

数据来源:SRTM 数据为 2000 年 NASA 发射的搭载有合成孔径雷达卫星测得的遥感数据,分辨率 90 m。2000~2009 年气象资料包括日平均气温、露点、风速、风向、气压、云量、能见度、过去及现在天气现象资料等,源于气象信息综合分析处理系统(meteorological information comprehensive analysis and process system,MICAPS),利用 Fortran 进行数据预处理,其他辅助数据收集于文献、年鉴和相关已公开发表资料。

5.1.2 微尺度风环境变化模拟建模

1. 模型初始条件构建

1) 计算区域生成

经纬度在 ArcGIS 软件中根据城关区的经纬度通过掩膜将其高程栅格数据提取出来,并转换为 ASCII 码格式的 txt 文件,在 surfer 软件中生成 CAD 软件通用格式 xyz 文件。利用 ArcGIS 提取对应的 SRTM 高程栅格数据,转换为 ASCII 码格式的 txt 文件;在 Surfer 软件中生成计算机辅助设计(computer aided design,CAD)通用格式的 xyz 文件;测得区域面积约为 10 520 m×10 160 m,海拔高度范围 1 504.40~2 519.36 m。并得到与该区域一致的点云数据,输入到 Geomagic Studio 中,利用其逆向生成三维模型功能,产生 Fluent 可识别的 iges 文件;在 Gambit 中生成区域体网格,并设定网格模型边界,如入口风速,压力出口及出流面;最后将生成的网格文件输入 Fluent 软件中,通过利用 UDF 模块设定风速廓线分布模式及湍流模式,在软件中输入初始边界值。

2) 参数及边界条件设置

日最高气温与日平均气温之间通常存在正相关性,需要 5~10 年气象观测资料才能较客观的反映区域真实气候状况,利用兰州市气象局提供的 2000~2009 年城关区站点资料获取多年日平均气温、风速和主导风向等关键气象参数(表 5.1)。

表 5.1 兰州市城关区 2000~2009 年日平均气象参数

	春季	夏季	秋季	冬季
气温/℃	14.95	22.46	12.33	1.45
风速/(m/s)	1.27	1.38	1.04	0.88
主导风向	东北(NE)			东北(NE)

入口风速分布:采用幂指数订正公式(Counihan,1971)获取。

$$v = v_0 (z/z_0)^p \tag{5.1}$$

式中:z_0, v_0 分别是观测点的观测高度和风速,分别设置为 10 m,10 m/s,方向为东北向即 45°;z, v 分别是计算高度层的高度和该层风速;p 为风速订正指数,取 $p=0.33$,与大气稳定度有关,大气稳定度级别划分采用国标 GB/T 3840—1991《制定地方大气污染物排放标准的技术方法》推荐的分类方法。

出流面边界条件：该河谷型地区四面环山，附有植被，中心为城市建筑，且城关区为兰州市人口最密集地区，城市中的建筑密度大，因此需计算地形粗糙度长度（topographic roughness length，TRL）及分布。TRL 通常由地形起伏所产生，可使用 Smith-Carson 方程（Smith et al.，1977）表示。

$$Z_{0H} = 0.2 \times \frac{(\Delta H)^2}{L} \tag{5.2}$$

式中：Z_{0H} 为因地形起伏产生的地形粗糙度长度；ΔH 为距离 L 内海拔高程差。假定出流面上的流动已充分发展，流动已恢复为无建筑物阻碍时的正常流动，故其出口边界相对压力为 0，上述计算在 ArcGIS 中实现，可得到 TRL 空间分布（图 5.3）。将城关区划分为 40 个地块模拟单元，分别输入各区域初始温度及粗糙度（图 5.3）。

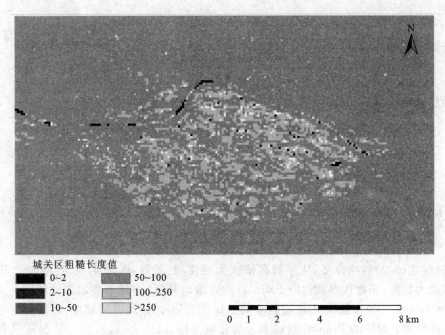

图 5.3 城关区地形粗糙度长度的空间分布

太阳辐射条件：通过 CFD 模拟风场变化时，除受温度、风速及大气压外，还要受到太阳辐射条件影响，通过综合分析这些模拟计算结果，有助于建立更合理的河谷型地区风环境与气候环境之间的关系。由于在 Fluent 中主要考虑温度影响，故对太阳辐射作均一化假设，设置为 E103.8°，N36°。

2. CFD 物理模式构建

在已有紊流物理模式中，以直接数值模拟法（direct numerical simulation，DNS）精度最高，但该模式考虑多种微尺度涡动，计算量大，不适于分析长时序低空风场；k-epsilon 模式是基于雷诺兹平均式 Navier-Stokes 方程（reynolds-averaged navier-stokes，RANS）的紊流模式，该模式已在风工程和近场扩散建模中得到广泛应用（Mukul et al.，2010），此模式可较好的调和计算精准度和计算资源,确保模拟结果的可靠性和稳定度;此外 LES 建模也逐渐增多,LES 旨在用非稳态 Navier-Stokes 方程来直接模拟大尺度涡运动,但不直接计算小尺度涡动,其对计算机资源要求很高,计算时间也很长;相比之下,标准 k-ε 模型计算成本低,在数值计算中波动小、精度高,在低速湍流数中应用较为广泛。

采用紊流模型重正化群(renormalization-group,RNG)k-$ε$ 模式,使用 Fluent 模拟,速度压力的耦合运算采用压力耦合方程组的半隐式演算法(semi-implicit method for pressure linked equations,SIMPLE)实现(Suhas et al.,1972),速度的空间离散方法采用对流项二阶迎风插值格式(quadratic upwind interpolation for convection kinetics scheme,QUICK)实现(Leonard,1979)。其所有的控制微分方程包括连续性方程、动量方程和 k 方程和 $ε$ 方程,假设流体不可压缩、稳态,则简化后的状态公式如下

湍流黏性系数

$$\mu_\tau = \frac{c_\mu \rho k^2}{\varepsilon} \tag{5.3}$$

连续性方程

$$\frac{\partial(\rho u_i)}{\partial x_i} = 0 \tag{5.4}$$

动量方程

$$\frac{\partial(\rho u_i u_j)}{\partial x_i} = \frac{\partial}{\partial x_i}\left(m \frac{\partial u_i}{\partial x_j}\right) - \frac{\partial P}{\partial x_j} \tag{5.5}$$

k 方程

$$\frac{\partial(\rho k u_i)}{\partial x_i} = \frac{\partial}{\partial x_i}\left[\left(\mu + \frac{\mu_\tau}{\sigma_k}\right)\frac{\partial k}{\partial x_j}\right] + \mu_\tau \left(\frac{\partial u_i}{\partial x_j} + \frac{\partial u_j}{\partial x_i}\right)\frac{\partial u_i}{\partial x_j} - \rho\varepsilon \tag{5.6}$$

$ε$ 方程

$$\frac{\partial(\rho \varepsilon u_i)}{\partial x_i} = \frac{\partial}{\partial x_j}\left[\left(\mu + \frac{\mu_\tau}{\sigma_\varepsilon}\right)\frac{\partial \varepsilon}{\partial x_j}\right] + \frac{C_{1\varepsilon}\varepsilon\mu_\tau}{k}\left(\frac{\partial u_i}{\partial x_j} + \frac{\partial u_j}{\partial x_i}\right)\frac{\partial u_j}{\partial x_i} - C_{2\varepsilon}\rho\frac{\varepsilon^2}{k} \tag{5.7}$$

式(5.6)与式(5.7)各项含义:从左到右依次为对流项、扩散项、产生项、耗散项。其中:μ 为流体动力黏度,是物性参数($N \cdot S/m^3$);μ_τ 为湍动黏度(下标 τ 表示湍动流动);ρ 为流体密度(m^3/s);c_μ 为常数;k 为湍流脉动动能;ε 为耗散率;u_i 为时均速度;σ_k 和 σ_ε 是与湍动能 k 和耗散率 ε 对应的 Prandtl 数;i 和 j 为张量指标,取值为(1,2,3)。根据张量有关规定,当表达式中一个指标重复出现两次,则表示要把该项在指标取值范围内遍历加和。对于直角坐标系,$\frac{\partial u_i}{\partial x_j} = \frac{\partial u}{\partial x} + \frac{\partial u}{\partial y} + \frac{\partial u}{\partial z}$,其他依此类推。根据 Launder 等(1974)的推荐值和已有实验验证:$C_{1\varepsilon}=1.44$、$C_{2\varepsilon}=1.92$、$C_\mu=0.09$、$\sigma_k=1.0$ 和 $\sigma_\varepsilon=1.3$。

5.2 市域尺度风环境变化模拟

5.2.1 市域尺度风场分布模拟

由于 Z 方向风速在空间上更能体现风速变化,故给出模拟得到的 Z 方向地表风场

(图 5.4),其中 y 方向指向北,x 方向指向东,风速入口为东北向。虽然模拟的区域内地形较为复杂,Fluent 仍然可以合理地给出近地面的风场结构。城关区周围分布有三座山,分别为皋兰山、将军山和白塔山,其中皋兰山海拔最高,约 2 170 m,将军山次之,白塔山最低,约 1 700 多米。具体模拟特征是:①从风向看,由于区内盛行东北风,故本模拟方案将风向入口设置为东北向 45°,初始速度为 10 m/s;②从风速分布看,在山体背风侧和峡谷底部的风速都相对较小,速度为 0~1 m/s,而翻越海拔较高山脊的气流风速较大,山体越高,气流爬坡速度越大,皋兰山最高风速约达 11 m/s,将军山约达 4 m/s,白塔山约达 2 m/s;③从风矢量分布看,风向随地形变化的特征得到了合理的反映,诸如气流沿河谷方向前进、在山体背风侧形成涡旋等特征,都得到了合理的模拟。因此,尽管该区尚缺乏足够的观测资料进行对比验证,但分析表明,本书发展的模型对于地形复杂的河谷地区仍能得到稳定而收敛的数值解,而且能较好地模拟出地形对近地层风场的影响。

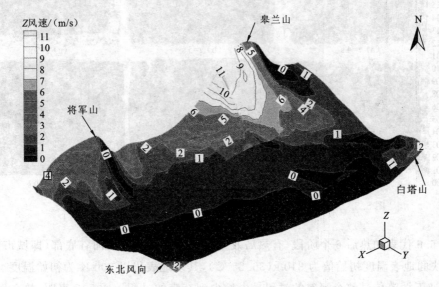

图 5.4 城关区 Z 方向的风速场分布模拟

5.2.2 城市热岛效应与风速场关系

城市人工热源和建筑物引起的动力湍流、城市下垫面热力作用引起的热力湍流,都会使城市流场、大气边界层和城市热岛环流发生改变,进而影响城市流场结构,阻碍城市污染物在大气中的扩散与稀释。Manuel 等(2008)发现不同规模的城市、经纬度、内陆或沿海区位和环境地形等都会不同程度的影响城市热岛效应。兰州是典型的河谷型盆地,空气不易流通,冬季逆温层厚,静风频率高,降水量少,不利于大气污染的稀释扩散(杨德保 等,1994)。近年来,兰州市的市政建设、交通车辆、厂矿企业也呈现出迅猛发展趋势,污染源剧增,城区人口密度大,污染排放量也数首位(贾晓鹏 等,2011)。

模型地块为 Fluent 离散换热辐射模型(discrete transfer radiation model,DTRM),DTRM 假设所有表面都是漫射表面,通过增加射线数量就可以提高计算精度,还可以用于很宽的光学厚度范围。因此对于不同级别的地块模型,可根据不同区域实际情况,设置不同的初始温度。模拟分两个实验,每个实验时间步长为 20 s,时间步长的迭代数为 1,总运行时间为 20 s。由于篇幅限制,每个实验选出 6 个代表性时段图像(a)$t=4$ s,(b)$t=5$ s,(c)$t=7$ s,(d)$t=8$ s,(e)$t=10$ s,(f)$t=20$ s。将城关区划分为 40 个地块,分别输入各个区域的初始温度及粗糙度,粗糙度由图 5.3 获取。图 5.5 代表加热前 6 个阶段,无热岛效应情况下设置地表温度初始值为 300 K(26.85 ℃)。

图 5.5　兰州市城关区无热岛效应作用时的风速阶段性变化模拟

图 5.6 代表加热后 6 个阶段,有热岛效应情况下设置城关区河谷底部(即城市中心) 4 个地块的地表温度初始值为 310 k(36.85 ℃),其余地表仍以 300 K 为初始温度。相同初始风速下湍流传过整个河谷的过程是由稀少到充满的过程。图 5.7 表明,整个气流从北山过境在山体的作用下先达到风速最大值 25.65 m/s,到背风坡风速骤降,在无热岛效应作用下的风速变化达极小值 5.55 m/s,曲率最大值(根据抛物线曲率公式 $K=|2a|$)为 0.44;在有热岛效应作用下风速极小值为 6.82 m/s,曲率最大值达 0.38。区内人口密度大,建筑密度高,城市下垫面性质改变大,受太阳热辐射影响,空气流动性差使热量不易转移从而产生热岛效应。这也是形成模拟现象的主要原因。图 5.5 显示在没有热岛效应的情况下风速变化较快,可见热岛效应对风速同样有反馈作用,使得气流在市区停滞更久。由此可见本模拟模型同样能够合理反映城市热岛效应。

CFD 技术包含了从利用质点网格法求解势流问题到利用有限体积法求解各种复杂的湍流流动。尽管基本物理方程和求解技术多样,但求解方式都是利用离散方程和用计算机数值求解这些近似方程。离散过程意味着所有的求解均为近似解。另外,流体流动过程非常复杂,而且在一些确定问题中控制方程也仅仅是对真实过程的近似。

使用 RNG k-ε 模式时,通过在大尺度运动和修正后的黏度项体现小尺度影响,从控

图 5.6 兰州市城关区有热岛效应作用时的风速阶段变化模拟

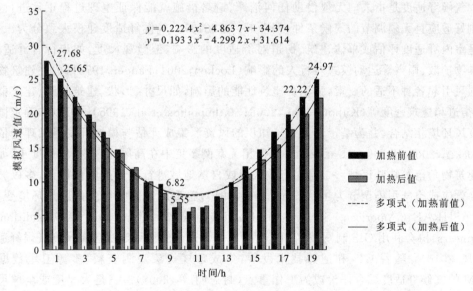

图 5.7 两个阶段模拟值对比

制方程中简化流动旋转及旋流流动情况,可以更好地处理高应变率及流线弯曲程度较大的流动。但计算中发现该模式收敛速度较慢,获取模拟收敛值时间较长;同时,真实流动与模型方程精确解之间也存在差异,考虑到流体稳态的不可压缩,流体黏性效应考虑简单,这也是湍流模拟难点;CFD 方程常采用迭代法求解,通常开始于一个初始近似值,通过多次迭代获得最终解。这种方法可满足边界条件和整体计算域所有网格,但如果迭代过程没完成则误差较大。受计算资源限制,只迭代 20 次,导致模式收敛值误差较大;此外,今后还需要对自定义湍流公式及梯度风速程序中的参数验证和改进。

5.3 区域尺度气候舒适度评价模型

5.3.1 区域尺度气候舒适度评价框架概述

干旱区河谷型地区气候环境特征与沿海区域差异较大,开展舒适度指数和风环境评价具有巨大应用价值。建立适合区域性风资源气候舒适度模型,鉴定和区划复杂气候条件下的舒适度和风环境评价指标是当前的热点。相关工作不仅可以为开展全国规范化舒适度指数和风环境预报提供基础资料,同时也可广泛的服务于商业市场决策、野外施工条件预报、旅游区域和季节热点分析,气象疾病发病率预测,交通运输和驾驶安全性分析,军事季节装备和军事着装配置决策等领域。从生态系统服务角度看,风资源变化所产生的气候舒适感变化是一种典型的非市场化生态系统服务,很难进行价值评估,亟须开发风资源气候舒适度评估方法,以更好地实现与其他生态系统服务类型的集成分析。

气候舒适度是指人们无须借助任何消寒、避暑措施就能保证生理过程正常进行、感觉刚好适应且无须调节的气候条件(闫业超等,2013)。气候舒适度建模大致分为三类:一是室内舒适度评估或单体建筑、街道对舒适度的影响,偏微观尺度,如步行者舒适度、污染物扩散、雨雪等运动模式对行人的影响(Locken,2004;Fanger,1970),关注建筑物附近强风引起各种不适的要素,强调各建筑性能的影响,如尺寸、形状、建筑间距、建筑群定位、街道和建筑密度等(Kubota et al.,2008;Stathopoulos et al.,1995)。可以和确定微观尺度风环境相结合,并为基于专家系统知识的风资源集成评估与模型开发提供理论依据(Blocken,2008;Blocken et al.,2007)。但相关案例多集中在高风速区,空间尺度小,如邻近建筑物角落等特殊区域。二是对行政区域或自然地域进行气候适宜性评价,多以城市热岛效应或空气污染调节为主(Chan et al.,2001),着重评估偏中尺度人居热环境变化,如 ASHRAE(American Society of Heating, Refrigerating and Air-conditioning Engineers)协会利用 GIS 制图技术和基于专家知识的 7 等级评定法区域尺度气候舒适度(赵凤,2010)。随着 GIS 和遥感技术发展,集成常规气象观测资料、多源卫星数据和 DEM 的气候舒适度综合评价成为工作重点(封志明等,2008)。三是大尺度或全球尺度的气候舒适度评估,与气候变化密切相关(Grimmond,2007)。目前,针对干旱区复杂弱风区的河谷型地区风环境评价还鲜见报道,需要构建具有适应性的风环境集成评估框架,还需要考虑下垫面复杂情况,以便更好地建立适合河谷型地区气候舒适度的评价方法和指标体系。

初步构建了一种新的综合评价体系,以此作为河谷型地区气候舒适度评价基准,具体包括:①分析河谷型地区气候、地理和风资源特征;②获取气象资料和 DEM 等数据并进行预处理,基于 GIS 技术实现气象站台数据空间化并开展分析;③建立气候舒适度评价方法,对气候舒适度评价结果进行分析。结果可为河谷型地区的风资源生态系统服务评估、生态环境规划和城市发展设计提供理论参考。

5.3.2 区域尺度气候舒适度评价建模

以典型的河谷型盆地区域兰州市及周边 8 个市(县)为建模区域,行政区划包括:兰州市区、乐都、民和、永登、皋兰、榆中、东乡、永靖和临洮,经纬度范围是 102°05′28″E～104°34′14″E、35°03′45″N～37°01′29″N(图 5.8)。其中,兰州南北群山环抱,黄河穿城而过,是典型带状河谷型城市。乐都与民和属于青海省,分别以河谷沟谷地和中低山丘陵为主,为内陆半干旱性气候。永登、皋兰和榆中为兰州市辖县,永登北有乌鞘岭,南有黄河,属大陆性气候。皋兰地处黄土高原丘陵沟壑区,属温带半干旱气候。榆中县是重要的作物种植和工业基地,属温带半干旱气候,地势南高北低,中部凹,呈马鞍形。永靖县地处临夏回族自治州以北,为温带半干旱偏旱气候,地貌上分为河谷平原、黄土丘陵山地、山间盆地和石质山地。东乡是典型的旱作农业县,呈方圆形,四面环水,中间高突,境内山峦起伏,属大陆性气候。临洮是古丝绸之路要道,南北狭长,地势由东南向西北倾斜,以黄土地貌为主。

图 5.8 建模区域示意图

通过气象资料获取各市县多年平均气候特征和海拔范围(表 5.2),数据源于气象科学数据共享服务网(http://cdc.cma.gov.cn/)2000～2009 年全国地面气象观测资料,利用 Fortran 编程获取各站点多年平均温度、风速及相对湿度。上述要素数据只代表某一小片区域气候状况,随着区域面积增大,气候分布受纬度、海拔及土地利用影响较大,要考虑地理空间要素的影响,需要对要素进行空间插值。DEM 源于美国太空总署(National Aeronautics and Space Administration,NASA)和国防部国家测绘局(National Insulation Manufacturers Association,NIMA)联合测量的航天飞机雷达地形测绘数据集

(shuttle radar topography mission, SRTM),数据测绘范围为 60°N~56°S,数据是 SRTM3 文件,分辨率为 90 m,标称绝对高程精度是±16 m,绝对平面精度是±20 m。土地利用与覆盖数据源于寒区旱区科学数据中心的中国土地覆盖数据集,分辨率为 1 km。

表 5.2 区域多年平均气候特征

地区	气候类型	年均温度/℃	年均降水/mm	日照时数/h	无霜期/天	海拔范围/m
兰州	大陆性气候	10.3	327	2 446	180	1 520~2 159
乐都	内陆半干旱性气候	6.9	335.4	2 600~2 800	144	1 850~4 480
民和	高原气候	8	500	2 500~2 700	170	1 760~3 500
永登	大陆性气候	5.9	300	2 659	126	1 702~2 561
皋兰	温带半干旱气候	7.2	266	2 768	144	1 459~2 445
榆中	干旱、半干旱、高寒	6.7	350	1 450	120	1 480~3 670
永靖	温带半干旱偏旱气候	8.9	260	2 534	190	1 560~2 851
东乡	大陆性气候	7	400	2 525.1	146	1 736~2 664
临洮	大陆性气候	7	540	2 437.9	135	1 732~3 670

运用 ArcGIS 空间分析功能,利用 SRTM3 数据和经过预处理的气象资料,分别基于样条插值获取温度分布(阎洪,2003)、基于普通克里格插值法获取相对相对湿度与风速(李军 等,2006),得到各要素栅格图,并从气候、海拔高度及绿化率三方面分析区域气候舒适度。首先,根据各因子对气候舒适度的影响程度,运用 ArcGIS10 空间分析模块的重分类工具对各因子进行等级分类。分类采用自然裂解法(natural breaks),该分类法的特点是类别间差异明显,类别内部差异小(Slocum,2009)。其次,利用空间分析模块的栅格计算工具对分类指数进行叠加分析,得出河谷型地区气候舒适度评价图;最后,对空间分布规律及多年平均气候舒适性进行分析,并评估各市县气候状况及脆弱性区域。

5.3.3 区域尺度气候舒适度分类与评价

1. 影响因子分类

气温对舒适度影响表现为其使人体对外界环境产生热、冷感觉,也就是冷热舒适度。当温度位于 20~26 ℃时,人体感觉最为舒适(Montano et al.,1994)。将区内各站点气温数据进行样条插值,得出年均温度变化为 1.9~13.1 ℃,气温 7 ℃以下区域设为−1,为冷区域;7~10 ℃区域设为 0,为舒适区域;10 ℃以上区域设为 1,为热区域。受热岛效应影响的兰州市附近区域显示为热区域,而边界区域离河谷区较远,随着海拔增加,相应地呈现为冷区域(图 5.9(a))。

空气湿度明显影响舒适度。舒适的相对湿度范围为 40%~60%,不超过 80%,不低于 30%(Arundel et al., 1986)。气温适宜时, 人体对湿度变化感觉不明显, 当极端气温与极端湿度同时出现时, 会加剧不舒适感; 当湿度过大时, 人体对低温或高温环境耐受能力下降, 不舒适感上升; 当湿度过低时, 低温或高温均会快速加剧干燥的不舒适程度。相对湿度范围为 40%~60%, 将相对湿度低于 45%的区域设为 −1, 为偏干区域; 45%~55%区域设为 0, 为舒适区域; 55%以上区域设为 1, 为偏湿区域。相对湿度由东南向西北呈递减趋势, 接近河谷地区为舒适区域, 河谷西北区域相对干燥, 东南区域相对湿润(图 5.9(b))。

风速也对舒适度有直接影响。风速一定时, 温度越低, 人体散热就越快。外界温度一定时, 风速越大, 人体就会感觉越冷, 一般 2 m/s 的风速值为最佳参照(Huttner, 2008)。风速分布范围为 0.9~3.9 m/s, 将风速 1.5~2.5 m/s 区域设为 0, 为舒适区域; 低于 1.5 m/s 的区域设为 −1, 为低风速区域; 2.5 m/s 以上区域设为 1, 为高风速区域。河谷和临洮周围环山阻挡风速流通, 为低风区域; 河谷周围为山区, 风流通性较好, 为风舒适区, 边界区域离河谷区较远, 纬度偏高, 气温也较低, 为高风速区域(图 5.9(c))。

最适合人类生存的海拔是 500~2 000 m(Vernikos, 1996)。500 m 以下地方因气压高, 空气密度大, 比较湿热, 对人体机能有较重负担; 高于 2 500 m 时因大气压低且氧含量少, 会出现高山反应。基于 SRTM3 数据和边界图, 利用 GIS 裁剪功能获取 DEM, 海拔介于 1 410~4 352 m。将海拔 1 410~2 000 m 区域设为 0, 为舒适区域; 2 000~2 500 m 区域设为 1, 为较高区域; 2 500 m 以上区域设为 −1, 为高原反应区域。兰州及临洮周边海拔较低, 榆中与临洮间的地区为海拔较高的兴隆山风景区(图 5.9(d))。

绿地覆盖因子主要与城镇居住舒适度变化有关(Mukul et al., 2010), 一般具有蒸腾降温、调节气流的作用。土地利用分类图(图 5.9(e))共有 10 种地类(表 5.3), 将其重分类为绿地与非绿地两种类型, 用来代表其对舒适度的影响。绿地类型区域设为 0, 为舒适区域; 非绿地类型区域设为 1, 为非舒适区域(图 5.9(f))。

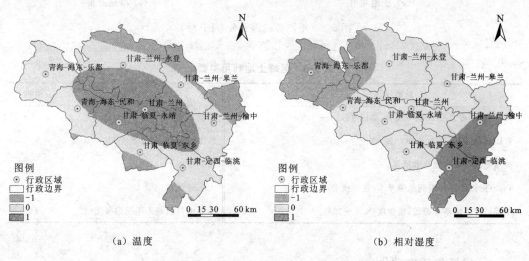

(a) 温度　　　　　　　　　　　　　　(b) 相对湿度

图 5.9　不同影响因子分布图

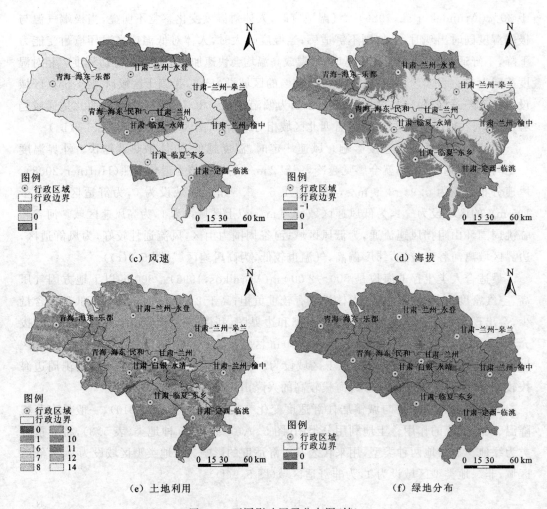

图 5.9 不同影响因子分布图(续)

表 5.3 区域土地利用类型

地类描述	编码	地类描述	编码
落叶森林,覆盖度 60%~70%,高度 3~30 m	0	平原草地	9
常绿森林,覆盖度 60%~70%,高度 3~30 m	1	沙漠地区草本,覆盖度 5%~15%	10
被水淹没的灌丛和草本覆盖	6	牧场草地	11
4 000 m 以上寒冷湿润地带草本,覆盖度 20%~50%	7	人工建筑物	12
中等坡度山地草本覆盖,覆盖度 20%~50%	8	地表由自然或人工湖泊覆盖	14

2. 气候舒适度评价

根据需要,制定适合河谷型地区的气候分级标准(表 5.4),并对各栅格图叠加分析,然后依据该标准对叠加结果分级,得到气候舒适度分布图,所有栅格分辨率为 $0.01°\times0.01°$(图 5.10)。最终建立河谷型地区舒适度计算方程

$$CCV=T+RH+WS+H+G \tag{5.8}$$

式中:CCV 为河谷型地区气候舒适度;T 为温度分布指数;RH 为相对湿度分布指数;WS 为达标风速分布指数;H 为海拔高度分布指数,G 为绿地分布指数。

表 5.4 河谷型地区气候评价方案表

初值	编码	舒适度描述	城市气候价值性/脆弱性区域分析	建议
1	3	闷热,不舒适	(A)气候脆弱性区域(兰州市、榆中南部及临洮西北部地区)	亟须治理其大气污染及生态破坏问题
2	2	偏热,较不舒适		
3	1	暖,舒适	(B)稍有气候价值性区域(永登和榆中北部、临洮和民和东南部及临夏大部分地区)	需封山育林,增加生物多样性
4	0	凉,非常舒适	(C)很有气候价值性区域(榆中中部、皋兰大部分地区、永登东北及西南、乐都中部及民和南、东乡大部分地区及临洮西南部)	旅游资源丰富地区,需保护提高
5	−1	凉,舒适		
6	−2	偏冷,较不舒适	(D)较有气候价值性的区域,有一定脆弱性(乐都南部和北部地区、永登西北及榆中北部地区)	居住适宜性差,可考虑生态移民

图 5.10 区域气候舒适度评价图

上述结果均基于多年平均气候值计算,可代表各子区域综合气候条件,同时,评定了舒适度等级。当分级指数为 2 和 3 时,相对湿度高、风速低且温度较高,导致地区通风能力弱,如兰州市主城区、榆中南部及临洮西北大部分地区分级指数值较高,主要是由于地势较高、通风性能差的丘陵河谷复杂地型、绿化面积较低、热岛效应及湿度较高的环境要素综合作用的结果。该区域舒适度评定值低,说明应采取相应措施,如封山育林,提高生

物多样性等；指数为1时，表现为暖舒适地区，该区域温度、风速及相对湿度较为适宜，风流通性好，其中榆中北部和东乡南部风速较高、温度较低。但区域内海拔超过2000 m，综合评价后舒适度一般，为稍有气候价值性区域；指数为0和-1时，相应地区为沿兰州市主城区之外黄河河谷地区直到乐都湟水谷地、皋兰大部分沟壑地区及永登南部靠近黄河地区，海拔高度适宜、植被覆盖较好、气候凉爽、属于舒适或非常舒适地区。另外，临洮靠近兴隆山及其周边地区、皋兰及永登的乌鞘岭海拔较高，但其整体气候因子评价结果为非常舒适；指数为-2时，为乐都除湟水谷地之外的周边大型山岭，为高寒地区，属偏冷、较不舒适地区，政府可以考虑对该地区人群进行适度的生态移民，可考虑向人口稀少但环境相对舒适的乐都湟水谷地区域迁移。

选取地形复杂的河谷型城市兰州及其周边区域进行气候环境的综合分析及评价，使用舒适度概念及GIS方法得到整个区域气候舒适度评价图，并界定了该环境的舒适度及气候价值，分析结果具有代表性和气候学意义，可为政府应对气候变化和制定基于风资源舒适度变化生态系统服务评估提供理论支撑。该方法的优势在于使用地统计学空间化分析方法来分析气候要素，并加入地形因子与土地利用等地理空间因子，改进了以单点因子代表区域气候特征的传统分析方法。需要注意的是，该方法中的地统计学方法分别采用了样条或克里格方法，方法的选取受气象资料站点数据的影响，未能进一步对同一因子进行不同插值结果的空间分布分析，因而无法定量判断不同统计方法的优劣。此外，结果具有不确定性，基于土地利用分类的不同区域对舒适度的影响没有客观评价标准，仅以绿地和非绿地来界定对气候舒适性的影响相对简单，未来将进一步细化指标分类准则。考虑到不同利益相关者的视角，以进一步提高分析结果的合理性和可操作性。

5.4 小　　结

本章应用CFD风场模拟技术，以典型的河谷型盆地兰州市城关区为例，发展了用于中微尺度风资源变化模拟的集成建模方法，并对近地层风场空间分布进行案例分析，在此基础上，进一步分析风场分布与城市热岛效应的关系，给出热岛效应作用下的风场变化分析，初步取得如下认识：①即使模拟区域内的地形极为陡峭，本书发展的模拟模型仍然可合理地给出近地面的风场结构；②在河谷型地区局地热力环流模拟方面，本模型同样能够合理反映城市热岛效应；③CFD模拟适用于中尺度、微观尺度风场耦合，能相对精准的揭示风资源变化，为宏观尺度的风资源评估提供精确的模拟结果。

根据风资源和其他关键要素变化，发展用于区域尺度气候舒适度评价的建模方法，并对典型区开展气候舒适度评价与分类图。初步发现：①乐都中部，永登及皋兰北部边境、榆中兴隆山区，除主城区的兰州黄河谷地为舒适度相对最好的地区，能提供很好的旅游性气候生态系统服务价值，建议当地政府在环境与经济发展决策过程中继续予以重视；其它地区的气候舒适度有待提高，兰州市主城区、榆中南部及临洮西北大部分地区为气候脆弱性区域,建议当地政府采取相关行动,促进和改善区域生态环境,尤其需要注意生物多样性的提高。

参 考 文 献

封志明,唐焰,杨艳昭,等,2008.基于GIS的中国人居环境指数模型的建立与应用.资源科学,63(12):1327-1336.

贾晓鹏,陈开锋,2011.沙尘事件对兰州河谷大气环境PM10的影响.中国沙漠,31(6):1573-1578.

李军,游松财,黄敬峰,2006.中国1961~2000年月平均气温空间插值方法与空间分布.生态环境,15(1):109-114.

李磊,张立杰,张宁,等,2010.FLUENT在复杂地形风场精细模拟中的应用研究.高原气象,29(3):621-628.

阎洪,2003.气候时空数据的样条插值与应用.地理与地理信息科学,19(5):27-31.

闫业超,岳书平,刘学华,等,2013.国内外气候舒适度评价研究进展.地球科学进展,28(10):1119-1125.

杨德保,王式功,王玉玺,1994.兰州城市气候变化及热岛效应分析.兰州大学学报(自然科学版),30(4):161-167.

赵凤,2010.国外绿色建筑评估体系给中国的启示.华东科技,1:40-42.

ARUNDEL A V,STERLING E M,BIGGIN J H,et al.,1986. Indirect health effects of relative humidity in indoor environments. Environmental health perspectives,65:351.

BLOCKEN B,CARMELIET J,STATHOPOULOS T,2007. CFD evaluation of wind speed conditions in passages between parallel buildings:effect of wall-function roughness modifications for the atmospheric boundary layer flow. Journal of wind engineering and industrial aerodynamics,95(9):941-962.

BLOCKEN B,STATHOPOULOS T,CARMELIET J,2008. Wind environmental conditions in passages between two long narrow perpendicular buildings. Journal of aerospace engineering,21(4):280-287.

CHAN A T,SO E S P,SAMAD S C,2001. Strategic guidelines for street canyon geometry to achieve sustainable street air quality. Atmospheric environment,35(24):4089-4098.

COUNIHAN J,1971. Wind tunnel determination of the roughness length as a function of the fetch and the roughness density of three-dimensional roughness elements. Atmospheric environment,5(8):637-650.

FANGER P O,1970. Thermal comfort:analysis and applications in environmental engineering. Thermal comfort analysis and applications in environmental engineering.

GARCIA M J,BOULANGER P,2006. Low Altitude Wind Simulation over Mount Saint Helens Using NASA SRTM Digital Terrain Model//Proceedings of the Third International Symposium on 3D Data Processing,Visualization,and Transmission(3DPVT'06),IEEE Computer Society:535-542.

GERGELY K,NORBERT R,MIKLÓS B,2007. Application of ANSYS-FLUENT for meso-scale atmospheric flow simulations//ANSYS Conference & 25th CADFEM users' Meeting:1-8.

GRIMMOND S,2007. Urbanization and global environmental change:local effects of urban warming. The geographical journal,173(1):83-88.

HARGREAVES D M,WRIGHT N G,2007. On the use of the k-ε model in commercial CFD software to model the neutral atmospheric boundary layer. Journal of wind engineering and industrial aerodynamics, 95:355-369.

HUTTNER S, BRUSE M, DOSTAL P, 2008. Using ENVI-met to simulate the impact of global warming on the microclimate in central European cities//5th Japanese-German Meeting on Urban Climatology: 307-312.

KUBOTA T, MIURA M, TOMINAGA Y, et al., 2008. Wind tunnel tests on the relationship between building density and pedestrian-level wind velocity: development of guidelines for realizing acceptable wind environment in residential neighborhoods. Building and environment, 43(10):1699-1708.

LAUNDER B, SPALDING D, 1974. The numerical computation of turbulent flows. Computer methods in applied mechanics and engineering, 3(2):269-289.

LEONARD B P, 1979. A stable and accurate convective modeling procedure based on quadratic upstream interpolation. Computer methods in applied mechanics and engineering, 29:59-98.

LOCKEN B, CARMELIET J, 2004. Pedestrian wind environment around buildings: Literature review and practical examples. Journal of thermal envelope and building science, 28(2):107-159.

MANUEL G, PIERRE B, JUAN D, et al., 2008. CFD analysis of the effect on buoyancy due to terrain temperature based on an integrated DEM and Landsat infrared imagery. Ingenieríay Ciencia, 4(8): 65-84.

MONTANO N, RUSCONE T G, PORTA A, et al., 1994. Power spectrum analysis of heart rate variability to assess the changes in sympathovagal balance during graded orthostatic tilt. Circulation, 90 (4):1826-1831.

MOKUL T, HIROYUKI K, FEI C, et al., 2010. Impact of coupling a microscale computational fluid dynamics model with a mesoscale model on urban scale contaminant transport and dispersion. Atmospheric research, 96:656-664.

MUSEMI R, KRSTOVI G, 2007. Numerical simulation of turbulent air pollution dispersion in a typical mountainous urban valley. Advanced engeering 1st year, 1:55-66.

SLOCUM T A, McMASTE R B, KESSLAER F C, et al., 2009. Thematic cartography and geovisualisation. New Jersey: Prentice Hall.

SMITH F B, CARSON D J, 1977. Some thoughts on the specification of the boundary-layer relevant to numerical modeling. Boundary layer meteorology, 12:307-330.

STATHOPOULOS T, WU H, 1995. Generic models for pedestrian-level winds in built-up regions. Journal of wind engineering and industrial aerodynamics, 54:515-525.

SHUAS V P, BRIAN S, 1972. A calculation procedure for heat, mass and momentum transfer in three-dimensional parabolic flows. Hear Mass Transfer, 15:1787-1806.

VERNIKOS J, 1996. Human physiology in space. Bioessays, 18(12):1029-1037.

第 6 章 土地景观格局变化集成建模

土地景观格局变化影响多种生态系统服务的供给,是集成生态系统服务与区域环境决策建模的关键环节。通过分析典型区域土地景观格局变化和驱动力,完成景观模拟模型及驱动力建模,初步构建一个松散耦合的土地景观格局变化建模框架。通过开发新的驱动力建模方法来弥补已有土地景观模拟模型的不足;通过开发土地景观管理情景,得到不同土地景观类型可能的时空变化特征。模拟结果可为区域土地利用规划和环境管理提供决策支持,同时为基于不同土地景观变化的生态系统服务过程与情景分析提供源数据。

6.1 土地景观格局变化与驱动力

6.1.1 土地景观格局时空变化分析概述

土地景观格局和其动态演变一直是景观生态学、地理学的核心内容之一。土地景观格局是指大小和形状不一的景观斑块在空间上的排列,它是景观异质性的重要表现,又是各种生态过程在不同尺度上作用的结果(Hu et al.,2008;Cushman et al.,2000;O'Neill et al.,1988)。土地利用/覆盖变化是土地景观格局演变的主要表现形式,其实质是人类为满足自身生存和发展需要而不断调整土地利用方式的过程。通过土地景观格局变化分析,有助于从景观分布中发现潜在的有序规律,揭示景观格局与生态过程互馈机理,为有效利用和调控资源环境提供理论参考,也为生态环境评价、区域经济发展等提供决策依据。

IGBP、IHDP 和 WCRP(world climate research programe)等国际组织在其土地利用/覆盖变化研究中,常利用景观格局及动态演变的分析模型分析土地利用景观的空间结构演变。国内干旱区内陆河流域也有相关的报道(Wang et al.,2006;Ma et al.,2002;Lu et al.,

2001),但对人文政策因素造成的景观格局演变案例还较少见。以 RS 和 GIS 为技术手段,以河西走廊中段的张掖市为典型区,采用景观格局指数法分析土地利用景观格局在黑河分水政策实施后的时空演变,揭示景观格局演变的内在机制,为实现该区景观生态系统良性循环和科学全面评价黑河分水政策提供参考。

1. 数据与技术路线

使用的主要数据有 2000 年和 2005 年 7～9 月的两期 Landsat TM 影像、1:250 000 标准地形图、1:100 000 土地利用类型图、植被分布图、相关实测数据;同时以相关文字材料和地图等作为辅助数据。根据典型地物类型的遥感影像光谱特征及最新颁布的《全国土地分类(试行)》(2002 标准),将土地景观类型分为 6 类:耕地、林地、草地、水域、城镇及建设用地和未利用地。

在 ERDAS Image 9.1 支持下,对影像作解译预处理,形成解译数据;再根据土地景观分类体系和遥感解译标志,对遥感影像做监督分类,并作可分性检验,得出分类结果。在 Arc GIS 9.2 支持下,对解译数据作拓扑处理、属性赋值和统计计算,将结果录入 Geodatabase 数据库,得出土地利用景观类型图(图 6.1);采用景观格局分析软件 Fragstats3.3,按已选景观格局指标进行计算和分析。具体技术流程如图 6.2 所示。

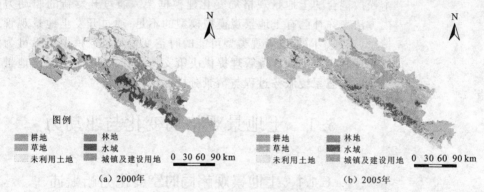

图 6.1 张掖市 2000 年和 2005 年土地景观类型分布

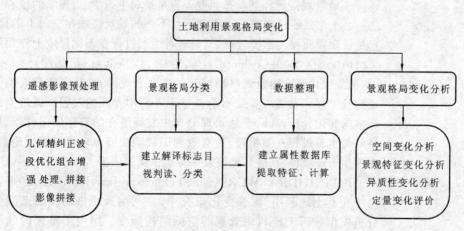

图 6.2 技术流程图

2. 景观格局分析方法

结合数据精度等因素,选取代表性景观格局指标体系(表 6.1),用于反映景观单体形态及整体特征。通过景观指数反映土地景观空间格局及动态变化。

表 6.1　景观格局指数及其生态学意义

指数	计算公式	参数描述
NP	$NP=N$	景观缀块总数,直观反映景观聚集或破碎化程度。$NP \geqslant 1$,无上限
A	$A_i = \sum_{j=1}^{n} a_{ij}$	缀块面积描述景观缀块大小的构成特征,既反映景观动态变化趋势,也表明景观稳定性特征
L_{P_I}	$L_{P_I} = A_i/A$	面积百分比表示某景观缀块类型占整个景观面积比例,反映各景观类型在研究区域的构成情况
FD	$FD = 2\ln(P_i/k)/\ln(A_i)$	分维数表征不同景观缀块形状的复杂程度,用于判断土地景观受人类活动干扰强度。受人类活动干扰小的自然景观分数维值高,反之分数维值低(布仁仓 等,2005)
SHDI	$SHDI = -\sum_{i=1}^{n}[P_i \ln(P_i)]$	香农多样性指数描述不同景观类型面积比重分布的均匀程度及主要景观优势性程度。用于判断土地利用景观类型中是否存在优势类型
$D_{\max}$	$D_{\max} = \ln(m)$	最大多样性主要用于直观反映研究区内景观多样性的变化。取值范围为 $D_{\max} \geqslant 1$
EI	$EI = (SHDI/D_{\max})$	均匀度指数主要用于反映各类景观缀块分布的均匀度。取值范围为 $EI \geqslant 0$
DI	$DI = D_{\max} - SHDI$	优势度指数可测度景观结构组成中某(多)种景观要素类型支配整个景观格局的程度,反映了特定景观缀块占优势的程度
FI	$FI = N_i/A_i$	破碎度指景观要素被分割的破碎程度,反映景观空间结构的复杂性、人类活动对景观结构的影响程度
SI	$SI = \dfrac{0.5 \times \sqrt{N_i/A}}{A_i/A}$	分离度描述某景观类型中缀块分布的离散程度。值越大,说明该景观类型缀块分布越分散,不同景观类型之间演替就越加频繁

注:a_{ij} 为 i 类型缀块 j 的面积;A_i 为类型 i 面积;A 为研究区总面积;P 为缀块类型周长;P_i 为类型 i 面积与所在区域面积比值;m 为类型数;n 为所有缀块数目;N_i 为类型 i 的缀块数;$k=4$,为常数。

6.1.2　土地景观格局时空变化与驱动力分析

1. 土地景观空间分布变化

在 ArcGIS 10 中对张掖市两期影像变化进行空间分析,空间分辨率 30 m×30 m,通过栅格计算,并将县域边界与计算结果叠加,得到张掖市 2000 年~2005 年土地利用景观变化空间分布图 6.3。

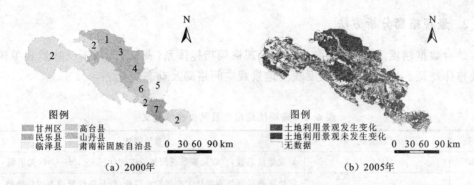

图 6.3 张掖市土地利用景观变化空间分布

注:1—高台县;2—肃南裕固族自治县;3—临泽县;4—甘州区;5—山丹县;6—民乐县;7—山丹马场

张掖市 2000~2005 年土地利用景观的空间变化范围广,各县均有变化。肃南裕固族自治县土地利用景观变化集中,主要发生在该县中部地区,主要变化类型是草地和林地;甘州区土地利用景观变化范围广且琐碎分散,主要变化类型是城镇及建设用地和未利用地;高台县变化最少,几乎都是草地的变化;山丹县集中在东南部,主要变化类型是草地和林地景观。

2. 基于景观指数的土地景观变化特征

1) 景观面积百分比、缀块面积和缀块数

2000 年 6 类景观类型缀块总数为 11 962 个,总面积 41 790.89 km^2,面积百分比排序为草地(52.78%)＞未利用土地(28.85%)＞林地(8.44%)＞耕地(6.26%)＞水域(2.34%)＞城镇及建设用地(1.34%)。景观面积呈现不均衡状态,未利用地占面积比重大,缀块数 1 332 个;城镇及建设用地面积百分比最小,缀块数 2 646 个。区内呈现以草地景观为基质,未利用土地、林地和耕地景观为主体的交错分布景观格局,如图 6.4 所示。

2005 年缀块数增至 14 525 个,增加 21.43%,景观破碎化程度增高。面积百分比排序未变。草地由 52.78%下降到 51.39%,主要由于滥牧、滥垦等不合理人为活动造成草地质量下降,生态环境加剧退化;未利用土地缀块数为 2 017 个,增加 51.43%。对未利用土地应按一定原则适度开发,在有条件地方发展沙质农业,走绿色农业、科技农业与旅游观光相结合道路,逐渐改善生态环境质量;林地增加到 3 818.13 km^2,增加 11.4%,增幅较大,主要是国家大力倡导和实施退耕还林政策缘故;耕地景观缀块数为 1 395 个,面积为 2 882.97 km^2,分别增加 1.6%和 2.4%,对未利用土地和草地进行局部改造和生产耕作,加大了景观破碎度。

2) 破碎度和分离度

破碎度 FI 指某景观类型的破碎程度,是测度景观破碎程度的重要参数,常与分离度配合使用;分离度 SI 在一定程度上可反映人类活动强度对土地利用景观结构的影响。

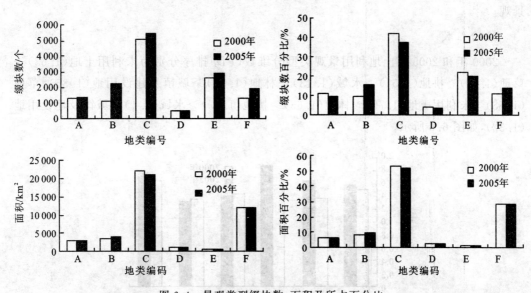

图 6.4 景观类型缀块数、面积及所占百分比

注：A—耕地；B—林地；C—草地；D—水域；E—城镇及建设用地；F—未利用地；下同

2000 年景观类型 FI 排序为城镇及建设用地(4.95)＞水域(0.69)＞耕地(0.34)＞林地(0.23)＞未利用土地(0.07)＞草地(0.06)；SI 排序为城镇及建设用地(9.63)＞水域(2.71)＞耕地(1.16)＞林地(0.79)＞未利用土地(0.25)＞草地(0.17)，FI 和 SI 的排序一致，如图 6.5 所示。

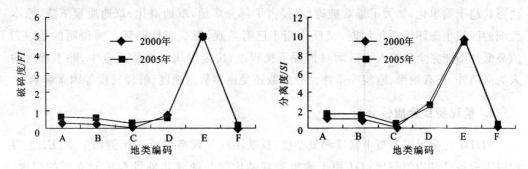

图 6.5 破碎度和分离度变化

2005 年，FI 排序为城镇及建设用地(4.96)＞林地(0.57)＞耕地(0.54)＞水域(0.52)＞草地(0.26)＞未利用土地(0.17)；城镇及建设用地 FI 分别为 4.95 和 4.96，SI 分别为 9.63 和 9.25，FI 值、SI 值远大于其他景观。城镇及建设用地 FI 增大，SI 减小，在经济发展、人口增加和地貌等因素共同影响下，缀块小而密集，景观破碎化程度受人类干扰明显；水域景观零散镶嵌在其他景观中，分散且规模小，易受人为影响而造成 SI 值增大；其斑块数目相对其他景观存在数量级差别，说明 FI 和 SI 计算结果易受缀块数和尺度影响。草地景观面积最大，FI 和 SI 最小，说明集中分布程度高，为该区域控制性土地利用

景观。

3) 分维数

2000年和2005年土地利用景观类型分维数(FD)排序分别为未利用土地(1.63)>草地(1.57)>耕地(1.51)>水域(1.43)>林地(1.37)>城镇及建设用地(1.35)、草地(1.88)>未利用土地(1.76)>林地(1.65)>耕地(1.57)>水域(1.4)>城镇及建设用地(1.32),如图6.6所示。

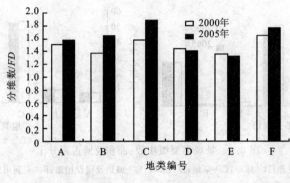

图6.6 分维数变化

2000年未利用土地人为因素干扰少,几何形状复杂,分维数大。城镇及建设用地主要是由人为因素作用的结果,缀块形状规则,易受外界干扰,分维数很小,FD值由1.35减小到2005年1.32。说明人为干扰下,特别是人为按照规则几何形状规划景观下,使缀块形状趋于简单化,加大了景观破碎度,侵占了部分草地,草地退化,草地质量下降,原本脆弱的区域生态环境恶化加剧,又反作用于已有景观,形成恶性循环。需说明的是,FD值高低并不能完全反映人为活动对景观干扰程度,决定缀块分维数因素中,除了常见的人为活动外,还有地形、地貌等条件。分维数还受遥感数据精度、解译尺度等因素影响。

3. 景观要素异质性分析

$SHDI$是指景观类型丰富度和复杂度,反映不同景观类型所占比例和多少;EI主要用以表示各景观均匀程度;DI用于测度景观结构受一种或几种景观单元支配的程度。实际中通常综合使用上述指标,以全面分析景观要素异质性。从表6.2中可知,2000年$SHDI$为1.24,FI值为0.29。2005年分别为1.37和0.35;$SHDI$增加10.48%,FI增加20.69%,增幅较大,人类活动范围不断扩大和干扰活动加剧,加速景观破碎化,引起景观内部空间格局改变,景观单元更加丰富,提高了景观缀块多样性,使格局趋向复杂化,景观结构不稳定性增加,自我调节能力减弱。EI由0.69增加到0.77,增加率为11.59%,说明景观类型内部景观单元趋于均匀化,景观聚集分布减弱;DI由0.55减小到0.42,减小23.64%,变化与$SHDI$和EI相反,说明优势景观类型(如草地等)优势度逐渐降低,与前两个指标分析结果是一致的。

表 6.2 景观异质性比较

年份	SHDI	EI	DI	FI
2000	1.24	0.69	0.55	0.29
2005	1.37	0.77	0.42	0.35

4. 景观格局变化驱动力分析

土地利用景观格局反映了人类与自然相互影响关系,其驱动力分析是热点。驱动力与景观格局变化关系具有时空动态性。具体包括自然要素和人文要素两方面。自然要素是人类活动的必要条件,主要包括地质、地貌、土壤、植被、气象、气候、水文等方面。相较自然要素而言,人文要素较难定量化分析,土地景观格局变化的人文要素建模也是土地景观格局建模热点和难点。

1) 自然要素

自然要素是土地景观变化的重要原因。区内冲积扇上部组成物质以砾石为主,夹有粗砂,目前很少利用;冲积扇中部和下部以沙土为主,多辟为耕地。冲积平原土质较细,组成物质以亚砂土、亚黏土为主,也是开耕的主要区域,表现为耕地景观由 2000 年 2 815.39 km² 增至 2005 年的 2 882.97 km²。该区土壤结构松散,保水保肥能力差,自然结构极易遭到外源作用的破坏,水资源供需矛盾突出,盐碱化区域不断扩大,未利用土地景观由基期 11 869.44 km² 增至 2005 年的 11 957.31 km²。该区地处大陆性气候区,干燥少雨,除祁连山冰雪融水量较丰富外,许多地方年降水不足 200 mm,近 50 年来,张掖市气温平均值大致上升 1.4 ℃,增幅远高于北半球和全国平均水平。气温升高导致祁连山雪线上升、冰川和积雪不断减少,水分蒸发量增大,干旱化趋势加剧。这种自然环境脆弱性和气候条件不断恶化,使耕地、草地、林地等景观出现不同程度盐碱化和沙化,土地利用变化剧烈。

2) 人文要素

强烈的人为活动已成为影响张掖市土地景观格局变化的主导因素。其直接原因包括黑河分水政策影响、区域人口增长和人地矛盾加剧等。

(1) 黑河分水政策影响。针对黑河流域生态环境恶化并开始影响到我国北方生态安全的严峻态势,近年来国家和地方有关部门在黑河流域围绕水量分配开展了一系列综合治理。在黑河流域管理局组协调下,2000~2005 年连续 6 年完成黑河水量调配(表 6.3)。中游地区共实施了 19 次"全线闭口,集中下泄"措施,正义峡累计下泄水量 54.75×10^8 m³,平均年下泄水量为 9.125×10^8 m³,比分水前 20 世纪 90 年代年增加 1.44×10^8 m³;经狼心山进入到额济纳旗的总水量约为 26.185×10^8 m³,平均年入境水量为 4.36×10^8 m³,比分水前增加 0.59×10^8 m³。2005 年首次实现了东居延海全年不干涸。

表 6.3　黑河分水后各水文断面流量　　　　　　（单位：$\times 10^8$ m³）

年份	莺落峡	正义峡	哨马营	狼心山
2000	14.64	6.50	3.75	2.80
2001	13.1	6.38	4.69	2.57
2002	15.89	10.27	5.77	4.85
2003	19.03	12.56	8.45	7.14
2004	14.98	8.55	4.77	3.93
2005	17.77	10.49	6.06	4.90

由表 6.3 可知，2000~2005 年莺落峡来水增加 3.13×10^8 m³，而正义峡下泄量则增加 3.99×10^8 m³，期间中游地区流量变化明显，如图 6.7 所示。2005 年的来水量为 7.28×10^8 m³，但仍少于 2000 年的 8.14×10^8 m³，说明现有水利工程条件和水资源开发水平下，分水方案造成中游用水减少，中游地区产业结构调整和节水效果需要一个过程才能体现，可见水资源减少是影响草地景观退化、未利用土地景观增加的重要因素。水量减少，致使景观结构不稳定性增加，自我调节能力逐渐减弱，EI、FI 值增大，景观聚集减弱，表现为 DI 值减小，与异质性分析结果一致。由于实施黑河水量调度，尤其是"全线闭口，集中下泄"，使中游灌区经济蒙受损失，造成短时间土地利用景观变化。这种短时间、小尺度土地利用景观变化现象主要由人文因素导致，即使通过遥感监测方法也很难判断其变化，需引起注意。

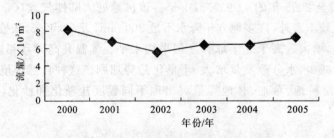

图 6.7　黑河分水后中游流量变化

(2) 区域人口增长和人地矛盾加剧。张掖市 2000 年人口为 124.99 万人，2005 年为 127.08 万人，2005 年张掖市人口密度远突破了公认的干旱地带人口压力"临界指标"（7 人/km²），达到 30.74 人/km²。人类活动已成为导致该区生态环境变化的主导因素。随着人口增加，人们更热衷于耕地开垦，导致耕地面积进一步增加；同时，林地景观缀块数和面积较 2000 年增加率分别为 99.82% 和 11.4%，缀块数大增反映了国家实施退耕还林工程的政策背景，从根本上说是为缓解人口过快增长带来的生态问题。人口不断增加与人地矛盾加剧，破坏了该区生态环境原生脆弱性，过度放牧和垦荒导致草地和原生植被退化，2005 年草地面积 21 189.12 km²，较 2000 年下降 1.39%。植被退化进一步加重土地荒漠化，使区气候趋向干旱化，反过来又推进了耕地开发和水利工程修建，引起生态环境恶化,生态系统抗干扰能力减弱,自然灾害破坏加剧等一系列连锁反应。如何实现土地景观格局合理开发与保护,实现土地永续利用和区域可持续发展,是需解决的难题之一。

总体来看,张掖市 2000～2005 年土地景观空间变化特征为:各县均有变化;肃南县和山丹县土地利用景观变化集中;甘州区土地利用景观变化分散,几乎覆盖整个甘州区;高台县变化最少。区内各类土地利用景观都发生了不同程度变化,呈现以草地景观为基质,未利用土地、林地和耕地景观为主体的交错分布景观格局,其余类型呈补丁状散布其中。草地和未利用土地景观面积减少,缀块数、破碎度、分维数和分离度增加;耕地和林地景观面积、缀块数、破碎度、分维数和分离度增加。整体景观多样性和优势度增加。

驱动力分析表明自然条件是区域土地利用景观格局分布的基础,指导人类对区域土地利用;人文因素是土地利用景观格局变化的主因,表现为黑河分水政策、人口增长和人地矛盾加剧两方面,其变化主导了土地利用类型的改变。在社会经济发展的同时,对土地利用开发应按既有的、科学的规划原则逐步推进,做到土地开发与保护并重,协调好资源可持续利用和环境保护关系,实现土地资源永续利用和区域可持续发展。

6.2 农业景观格局遥感制图

6.2.1 农业景观格局遥感制图概述

农业景观格局变化一直是土地景观格局分析的重要领域,随着遥感技术兴起,农业景观格局的遥感制图方法开始得到学界重视。从传统看,农作物类型和生长面积是农作物管理和农业规划的基本信息源之一。近几十年来,遥感技术在作物识别和面积估算中已得到广泛应用,从航空拍摄图像到多光谱卫星影像,技术手段日益更新。卫星影像具有覆盖面积大、时效性强等特点,已逐渐取代航空图像成为作物识别的基本信息源(Murakami et al.,2001)。基于不同卫星传感器,在作物识别和面积估算中得到广泛应用的卫星数据主要有:Landsat MSS(multispectral scanner,MSS)和 TM(thematic mapper,TM)数据、SPOT 影像和印度遥感卫星(Indian remote sensing satellite,IRS)数据等。其中,单日尺度的多光谱影像最为常用,但已有学者指出在特定年份使用多日尺度影像进行分类的诸多优势(Simonneaux et al.,2008;李金莲 等,2006)。选用单日或多日尺度的影像取决于诸多因素,一般包括作物类型、生长周期、数据获取成本、气候条件等。此外,选择影像时还应考虑光谱特征,光谱信息越多,越能借助详细的光谱特征进行作物分离,但操作成本相应地会显著增加。一般情况下,气候条件是获取影像的最大限制因素,往往用于特定区域作物生长情况分析的影像是无云的单日卫星影像。基于上述因素,以单日尺度影像为数据源时,通常可利用多种分类技术和大量的训练样本获取较为精确的作物分类。此外,为克服云覆盖的问题,也有开始尝试利用合成孔径雷达(synthetic aperture radar,SAR)影像开展作物识别的案例(Blaes et al.,2005)。

作物景观类型区分的基本假设是每种作物有唯一的地物特征或光谱特征。但实际工作中较难区分,受区域土壤属性、种植类型、施肥状况、虫害状况、灌溉、种植时间、套作和耕地方式等影响。致使某一个谱段区内两种不同地物可能呈现相同的谱线特征(同谱异物),或使得处于不同生境的同一地物呈现不同的谱线特征(同物异谱)。此外,作物物候和田块的空间光谱信息变化也是常见的问题(刘玲 等,2009)。近年来,随着 GIS 技术的发展,极大地提高了利用卫星影像获取精确作物信息的可能性。除传统监督分类和非监督分类方法外,出现了新方法,如基于人工神经网络、支持向量机、决策树和影像分割等作物识别(Mathur et al.,2008),基于田块的高精度分类法(王冬梅 等,2008)。

近年来,一些高空间分辨率影像,如 IKONOS、QuickBird 和 SPOT-5 等卫星影像逐渐民用化,与传统影像相比,高分辨率影像可更好地提高作物分类和面积估算精度。如 IKONOS 卫星提供的多光谱数据为 4 m 分辨率,包括 3 个可见光波段和 1 个近红外波段。QuickBird 多光谱影像分辨率为 2.4 或 2.8 m,波段与 IKONOS 类似。SPOT-5 发射于 2002 年,在保持 60 km×60 km 的成像范围不变的情况下,其全色波段(490~690 nm)分辨率提高到 2.5 m;其多光谱影像包括 4 个波段:2 个可见光波段,分别为绿光(490~610 nm)和红光(610~680 nm)波段;1 个近红外波段(780~890 nm),空间分辨率为 10 m,同时还有一个短波近红外波段(1580~1750 nm),空间分辨率为 20 m。融合全色影像和多光谱影像既可提高空间分辨率,又可增加地物光谱信息,是高分辨率影像分析中常用的方法。

基于上述传感器的影像数据常与其他多种遥感数据源嵌套使用,相关结果已在农业规划、景观规划和决策制定等领域广泛应用。目前重点有两方面:一是作物识别算法和工具开发;二是大尺度土地利用解译。在农业景观识别和相关农业领域应用中,需要进一步加强遥感影像分类方法。具体目标有:①以张掖市盈科灌区为例,在灌区尺度上利用 5 种影像分类方法对融合后的 SPOT-5 影像进行作物识别,并评估分类效果,包括最小距离法、马氏距离、最大似然法、光谱角制图仪(spectral angle mapper,SAM)和支持向量机(support vector machine,SVM);②在 3 种像元空间分辨率(初始的 2.5 m 分辨率、模拟的 10 m 和 30 m 分辨率)水平上,对比分类精度。

6.2.2　农业景观格局遥感制图方法与应用

以甘肃省张掖市盈科灌区为例(图 6.8),海拔 1419~1600 m。灌区地势为东南高西北低,东西长 17.4~33.5 km,南北宽 14.2~66.4 km,总面积 654 km²。灌区属大陆性寒温带干旱气候,多年平均气温 6.5~7.0 ℃,最低气温-28 ℃,最高气温 33.5 ℃,多年平均降水量约 125 mm,年蒸发强度 1291 mm(梁友嘉,2011)。灌区涉及的主要乡镇包括新墩、长安、小满、靖安、二十里堡、党寨、梁家墩、乌江等 11 个乡(镇)104 个行政村,1 个国营林场,总人口 16.44 万人,其中农业人口占 94%。

基于作物历和卫星过境时间等因素,使用的遥感数据为 2 景无云 SPOT-5 影像,包括分辨率为 2.5 m 的全色影像和分辨率为 10 m 的多光谱影像数据,采集日期分别是 2008

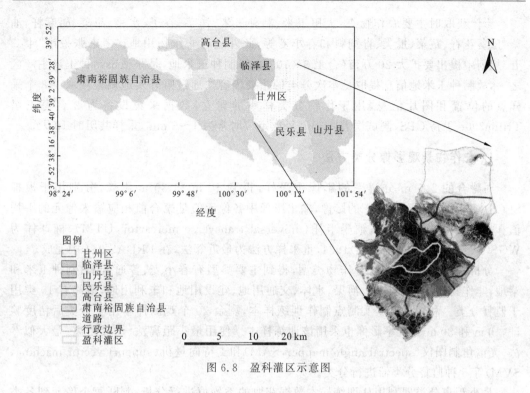

图 6.8 盈科灌区示意图

年 3 月 29 日和 2008 年 8 月 10 日。分别进行几何精校正后,将 SPOT-5 的 2.5 m 全色影像和 10 m 多光谱影像进行融合(图 6.9)。上述影像处理过程和结果详见中国西部环境与生态科学数据中心①的黑河综合遥感联合试验 SPOT-5 遥感数据集制作。利用融合后的影像重采样,分别得到分辨率为 10 m 和 30 m 的影像,用于空间尺度验证。此外,获取由张掖市水务局提供的盈科灌区边界图。

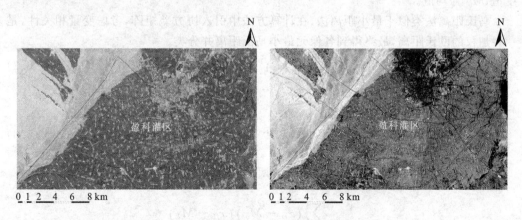

图 6.9 2.5 m 分辨率的 SPOT-5 融合影像(左)和全色影像(右)

---

① http://westdc.westgis.ac.cn

影像获取时主要农作物有：大田玉米、制种玉米、洋芋、谷子、水稻、甜菜、胡麻籽、油菜籽、葵花籽、蔬菜、瓜类、青饲料和春小麦等，此外还有非作物用地。考虑张掖市"十二五"规划中提出要扩大20万亩（合1.3×10^4 hm^2）制种玉米地，是张掖市制种玉米主产区之一，故制种玉米地信息提取是本次分类的重要内容。通过野外实地调查获取188个采样点的位置和图片信息，用于作物分类样本的建立，数据采集设备为2台海王星Triton300e手持GPS，测试误差≤3 m，每次定位时常为1～3 min，采样共历时10天。

1. 农作物景观影像分类方法

对融合的2.5 m分辨率的影像重采样，得到10 m和30 m影像，分别用于模拟SPOT-4和Landsat ETM+的影像，输出影像中各像元值是聚合前相应输入像元的平均值。投影坐标选为通用横轴墨卡托（universal transverse mercartor, UTM），椭球体为WGS(world geodetic system)1984，重采样方法为最近邻法，在ERDAS 9.1中完成。

分析采样数据，合并已有作物类型，得到主要类型有春小麦、普通玉米、制种玉米和菜地；非作物用地包括林地、河渠、水体、交通用地、建设用地和未利用地，最终有10类用于监督分类。利用168个实测点制作训练样本，剩余20个观测样本用于分类后精度验证，10 m和30 m分辨率影像也采用该训练样本。使用最小距离法、马氏距离、最大似然法、光谱角制图仪（spectral angle mapper, SAM）和支持向量机（support vector machine, SVM）等5种监督分类器进行分类。

最小距离分类器利用从训练样本数据获取的类均值进行分析，判断每个像元到各类均值的最小欧几里得距离（Campbell, 2002）。

$$d_i(x_k) = \sqrt{\sum_{j=1}^{n}(x_{kj}-M_{ij})^2} \tag{6.1}$$

式中：$d_i(x_k)$ 为距离；j 为波段序号；n 为总波段数；i 为类别号；x_{kj} 为k像元在j波段的亮度值；M_{ij} 为均值。

马氏距离法类似于最小距离法，在计算方法中引入协方差矩阵，考虑变量相关性，是一种加权的欧氏距离，最终得到各像元最小马氏距离并分类。

$$d_i(x_k) = (x_k-M_i)^T \left(\sum_i\right)^{-1}(x_k-M_i) \tag{6.2}$$

$$\sum_i = \begin{pmatrix} \sigma_{11} & \cdots & \sigma_{1k} & \cdots & \sigma_{1n} \\ \vdots & & \vdots & & \vdots \\ \sigma_{k1} & \cdots & \sigma_{kk} & \cdots & \sigma_{kn} \\ \vdots & & \vdots & & \vdots \\ \sigma_{m1} & \cdots & \sigma_{nk} & \cdots & \sigma_{mn} \end{pmatrix} \tag{6.3}$$

$$\sigma_{jl} = \frac{\sum_{k=1}^{n_i}(x_{kj}-M_{ij})(x_{kl}-M_{il})}{n_i(n_i-1)} \tag{6.4}$$

式中：$\sum_i$ 为协方差矩阵；σ_{jl} 为协方差，l 和 j 为不同的两个波段序号，其他符号含义同上。

最大似然分类法假设每个类型像元在每个波段是呈正态分布，计算给定像元隶属于某个类型的概率值(Dobbins et al.,1985),每个像元只归类到概率值最高的类中。

SAM 分类假设归属于某一类型的像元具有最小的波谱角,用 N 维角度将像元与参考波谱进行匹配,此方法将波谱看成是空间矢量,维数等于波段个数,通过计算波谱间的角度,判断多个波谱间的相似程度(Kruse et al.,1993)。

$$\alpha = \arccos \frac{\sum XY}{\sqrt{\sum X^2 \sum Y^2}} \tag{6.5}$$

式中:α 为图像像元光谱与参考光谱之间的广义夹角(光谱角),变化区间是$[0,\pi/2]$;X 为图像像元光谱曲线矢量;Y 为参考光谱曲线矢量。

SVM 是建立在统计学习理论的 VCD(vapnik chervonenkis dimension)理论和结构风险最小原理基础上的,根据有限样本信息在对特定训练样本的学习精度和无错误地识别任意样本的能力间寻求最佳折中,以期获得最好的推广能力,一般分为一对一 SVM、一对多 SVM、二叉树 SVM、有向无环图 SVM(Guyon et al.,2006)。本书使用的是一对多 SVM,即通过在一类样本与剩余多类样本之间构造决策平面,以达到多类识别目的。上述 5 类分析方法利用 ENVI 4.6 的监督分类模块实现。

2. 农作物景观分类精度评价

在精度评价中,将 6 类非作物类型合并为一个单一类型,最终共包括 4 类作物类型和 1 类非作物类型,利用剩余的点做精度验证。基于分类结果和验证结果,可以得到分类图误差矩阵和其他的分类精度统计量,包括总体精度(指被正确分类的像元总和除以总像元数)、生产者精度(指假定地表真实为 A 类,分类器能将一幅图像的像元归为 A 的概率)、使用者精度(指假定分类器将像元归到 A 类时,相应的地表真实类别是 A 的概率)和 Kappa 系数。其中,Kappa 分析可以检验是否每种类型显著的好于随机分类以及是否两类之间有显著的不同。Kappa 值的取值范围为 0~1,1 表示分类结果和参考数据间完全一致,0 表示完全不一致。同时,为提高分类图的表现效果,还需分类后处理,本书主要做聚类和过滤处理。

3. 基于融合影像的分类结果

图 6.10 是基于 2.5 m 空间分辨率的四波段 SPOT-5 影像得到的,使用的监督分类方法是最大似然法。从图上可以看出结果对作物类型和非作物类型有很好的区分效果;由于作物田块具有不同的生长阶段和管理条件,作物类型中的普通玉米和制种玉米的区分不明显;分类图中多数田块只有一个绝对类型,但实际上所有田块都会包含一些细小的、其他类型的斑块;另外,一些特定类型之间的光谱特征也比较相似。

制种玉米为主要作物,大片制种玉米地基本沿区内灌溉干渠和支渠分布,充分体现出绿洲农业和商品粮生产基地的农作物景观分布特点;同时,普通玉米和春小麦在空间上分布零散,绝对面积小,菜地主要分布在居住用地和交通用地四周,面积也较小,野外调查中发现城镇居民点四周大棚种植较为密集;灌区内非作物用地分布零散,但相对面积较大,该类景观破碎化程度明显,表明整个灌区受人类活动干扰日益明显。

对比不同分类方法,得到表 6.4。可以发现,最大似然法的分类总体精度是最高的,

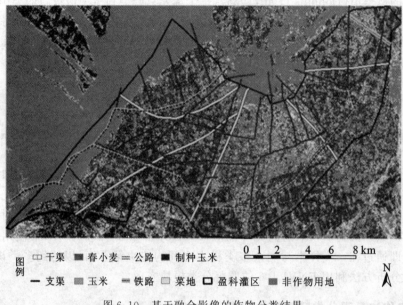

图 6.10 基于融合影像的作物分类结果

达到 90.6%，SVM 次之，其余 3 种方法精度下降明显。5 种分类器精度排序为最大似然法＞SVM＞马氏距离＞SAM＞最小距离法。由 Kappa 系数知，最大值为最大似然法的 0.871 9，其次为 SVM 的 0.862 5，其余三类 Kappa 系数下降明显。虽然最大似然法和 SVM 显著好于其余 3 种方法，但这两者间的区别不明显；同时，SVM 算法复杂，运行时间过长，处理影像的运行时间约为 5 h，是最大似然法时长的 8 倍左右，对 PC 配置要求也较高，故最终选择的最优监督分类方法为最大似然法。

表 6.4 基于 SPOT 影像的 5 种分类结果精度评价

分类方法	T	Kappa	春小麦		普通玉米		制种玉米		菜地		非作物用地	
			U	P	U	P	U	P	U	P	U	P
最小距离法	70.2	0.620 1	32	17	64.7	67.6	77.6	65.5	59.8	65.6	86.1	93.7
马氏距离	83.5	0.761 5	72	46.2	68.6	86.4	91.8	83.3	88.8	76.3	88.5	96.3
最大似然法	90.6	0.871 9	88	71	83.4	94.6	87.8	97.7	94.1	80.5	93.7	97.2
SAM	75.8	0.672	72	34.6	67.2	63.9	83.7	85.4	68.6	76.9	85.1	94.7
SVM	90.2	0.862 5	68	73.9	88.2	95.7	89.8	93.6	96.6	78.3	91.4	98.5

注：T 为总体精度(%)；P 为制图精度(production accuracy,%)；U 为用户精度(user accuracy,%)

在制图精度和用户精度中，最大似然法的各地类精度也普遍较高，其中对非作物用地的区分效果最好，分别达到 93.7% 和 97.2%。菜地和春小麦的用户精度较低，分别为 80.5% 和 71%，这可能与训练样本制作时勾绘的面积较小和样本点较少有关；另外，菜地类型较多，分类时将其合并为一类处理，也会导致精度下降，增加不确定性。

4. 空间尺度变化分析

基于最大似然法和训练样本,得到 10 m 和 30 m 分辨率分类图(图 6.11,图 6.12),与 2.5 m 结果类似,10 m 结果与 30 m 的噪声点依次增加,融合了多光谱的高精度影像更有利于提高解译精度。基于 2.5 m 分辨率、10 m 分辨率和 30 m 分辨率的分类图总体精度分别为 90.6%、89.5% 和 88.9%,可以发现随像元尺度增大,分类精度逐渐降低,但差别不太明显,这与图 6.11 与图 6.12 的目视观察结果一致。但解译精度仍具有不确定性,会受到野外实地采点误差、训练样本选取数量、大小和区位等的影响。

图 6.11 基于 10 m 分辨率影像的分类结果

初步得到以下认识:①如果影像获取的时间与主要作物最佳生长期一致时,融合后的单日 SPOT-5 影像可以用于作物识别;②在 5 种分类器中,最大似然法和 SVM 的总体分类精度分别为 90.6% 和 90.2%,表现效果明显好于最小距离法、马氏距离和 SAM;③从四类作物的用户精度和生产精度看,最大似然法好于 SVM,在最大似然法中,用户精度最低为普通玉米 83.4%,生产精度最低为春小麦 71%;④随像元空间尺度的增加,分类图的总体精度由 90.6% 下降到 88.9%,但下降不明显,未显著影响最终的分类精度,说明可以使用较低分辨率影像以降低成本,而高空间分辨率的影像可以用于精细农业的作物分类中,由于本书主要关注制种玉米地,致使作物类型较少,今后要进一步增加作物类型,对上述规律加强验证。

利用 SPOT-5 影像进行作物分类识别与遥感制图,并对精度和空间分辨率等因素进行分析。结果表明:考虑到成本和天气影响,利用覆盖灌区的单日尺度 SPOT-5 影像进行作物分类更加有效,同时,数据获取时间要符合主要作物的最佳生长期。该方法可进一步用于多种景观类型识别与遥感制图的案例中。遥感制图为传统的景观格局动态变

图 6.12　基于 30 m 分辨率影像的分类结果

化分析提供了新方法，丰富了景观格局变化的研究方向。

6.3　影响景观格局的人文因素空间化

6.3.1　人文要素空间化概述

人文因素对景观格局的影响已成为集成环境建模的热点。通过人文因素空间化，可以促使应用遥感数据搜集社会现象的形态变化信息，为自然—人文耦合过程分析提供时空尺度统一的数据源和集成建模的新视角。以学界普遍认可的重要人文因素的人口和国内生产总值（gross domestic product，GDP）为例，开展空间化建模。

可信的人口空间分布在科学和政策领域有广泛的应用（Chen，2002）。现有大多数统计数据只能提供时空尺度上相对粗糙的人口数量和性别成分（Liao et al.，2010）。人口数据精度和统计的行政边界变化是人口空间分析的难点（Liao et al.，2010）；同时，人口分布数据还需要尺度转换以适应不同空间结构的数据分析和集成。人口统计数据一般通过行政区（省、市、县、乡）单元逐级统计和汇总所得，而环境数据主要基于自然单元（流域、土壤类型单元、植被类型单元和土地利用/土地覆盖单元等），空间单元的不重合是开展自然—人文过程集成建模的难点。

人口空间化最常见的方法是面积权重法——通过各感兴趣区中的统计人口数量与面积比例进行人口重分布建模（Goodchild et al.，1980）。如 GPW-3 数据集就是基于此方法构建,精度较高,基于统计单元的人口分布较均匀。其他方法如连续表面建模法,利用平滑算法将各统计单元质心拟合成连续表面(Mennis,2003)。然而,区域人口分布多表现为居民点、农田或者小尺度人口核心区的离散状态。离散性和不均匀性是人口分布的主要特点。越来越多的人口分布模型要求发展更为复杂的技术,上述利用辅助数据作为外生变量进行分析的方法已经可以分辨较小尺度上人口密度的空间变异,一般将这类方法称为动态制图(Harris et al.,2000)。

美国国防气象卫星计划(defense meteorological satellite program,DMSP)线性扫描业务系统(operational line scan system,OLS)通过使用夜间光学倍增管而具有独特的低光源成像能力,可见光-近红外波段为 $0.5\sim0.9~\mu m$,用于全球夜间天气状况检测。其中,可见光-近红外波段可在少云天气状况下监测地球表面夜间居住地灯光、火、气体燃烧和渔船灯光等热源辐射。利用该数据开展全球不同尺度的人口分布估计已越来越受到重视。根据 DMSP-OLS 夜间灯光数据可估计出地球表面夜间人为产生的可见光—近红外辐射范围,如灯光面积。Lo(2001)利用 DMSP-OLS 夜间灯光数据详细评估了中国省、市和县级人口数据潜能,结果表明异速生长模型从光域面积和光强度中可生成城市和县级级别非农业区相对精确的人口估计,利用线性回归模型和灯光面积百分比可以很好地估计县级农业人口。Sutton 等(2001)利用 DMSP-OLS 夜间灯光数据的面积估计了全球各个国家城市人口,基于已知城区人口百分比估计国家总人口数,最终获得全球人口总数为 63 亿。

GDP 是反映国家或地区全部生产活动最终成果的重要指标,从生产角度看,等于各部门增加值之和。获取高精度 GDP 数据还存在一些困难,包括收入计算方法、数据收集方法的标准性、调查效率、调查者响应程度以及地区间不同政治经济条件差异等。此外,在很多地区,非正规经济已经成为经济总量中的重要组成部分,而在统计过程中往往被忽略。好的统计量可以表征非正规经济对经济活动总量的贡献,也能使决策者更好的认识其与贫困等其他社会问题之间的关系(Elvidge et al.,2009)。通过一些大尺度研究发现,夜间灯光分布与经济活动之间存在着显著的相关性(Sutton,2003)。Sutton 等(2002)利用 1996~1997 年全球辐射验证数据估计了基于各国的全球 GDP 空间分布情况;Doll 等(2006)开发了全球尺度的第一幅 GDP 空间分布图,但未给出降尺度结果。上述工作都假设只有灯光区存在经济活动,这种假说可能忽略了农业占主要成分的地区经济活动。

近年来,国内关于人口和 GDP 空间化的相关研究开始快速增加,可以大致概括为两种类型:一是利用遥感数据(如 Landsat 影像)与特定尺度的人口/GDP 统计数据建立相关性模型;二是通过分析特定区域人口/GDP 的影响因素,利用多元回归和统计方法建立人口/GDP 预测模型。但简单的相关性分析一般误差较大,且因子选取的随机性和主观因素影响较大。

LUCC 对人口/GDP 空间分布范围具有指示意义,是详细制图基础。限制条件是如何获取每类土地利用类型或像元中的人口密度或单位 GDP 的权重值。以张掖市甘州区为例开展空间化建模,考虑到该区人类活动相对集中,灯光值区分十分关键,利用夜间灯光辐射数据、LUCC 分布和官方的人口/GDP 统计数据,分别反演空间分辨率为 500 m×500 m 的张掖市甘州区人口和 GDP 分布图,并假设该分辨率下的不同单元格可以代表一般的单体建筑物面积,最终完成区域人口/GDP 空间分布建模。空间化建模方法所需数据较少,技术相对简单,具有较强可移植性,对其他人文因素空间化具有借鉴意义。

6.3.2 人口、GDP 空间化建模方法与应用

1. 研究区概况

所选区域为张掖市甘州区,地处黑河流域中游,属河西走廊中段,东临山丹县,西到临泽县、南靠民乐县、肃南裕固族自治县、北依合黎山,与阿拉善右旗接壤。介于 $100°6'E \sim 100°52'E, 38°39'N \sim 39°24'N$ 之间,是张掖市政治、经济、文化中心,也是古代丝绸之路上的重镇之一。境内地势平坦,平均海拔 1 474 m,黑河、酥油口河、大磁窑河、山丹河等河流贯穿全境,是典型的西北内陆河流域绿洲农业区。该区属温带大陆性气候,干燥少雨,年均降水量 113~312 mm,蒸发量 2 047 mm,年日照时数 3 085 h,昼夜温差大,年平均无霜期 150 d,年均气温 7.1 ℃,高于 10 ℃的年均积温 1 837~2 810 ℃。

2. 数据预处理

该区 2000 年 LUCC 数据共有 13 类,为减小计算量,结合实际情况,将 LUCC 重分类为六大类:耕地、林地、草地、水域、城镇及建设用地和未利用地。人口和 GDP 统计数据来自于 2000 年甘州区统计年鉴,采集数据的最小行政单位为乡镇一级,同时,与之匹配的行政边界图来源于数字黑河网站。基于村级的人口数据采样无疑可提高人口空间化精度,但限于目前数据,本书验证时只能利用乡镇级数据。GDP 单位为百万元,由于第一产业在城市化程度较低的区域通常占有较大比例,在灯光辐射数据中往往位于"背景区",因此,需通过人口空间分布数据对 GDP 数据进行纠正。

灯光数据源于 NOAA(National Geophysical Data Center)国家地球物理数据中心提供的经过辐射定标的 2006 年产品(radiance-calibrated low-light data),根据需要,选择 F-15 传感器 2000 年夜间非辐射定标平均稳态数据(stable_lights.avg_vis Data),该数据清除了云层影响,反映了城市、城镇以及永久性光源所在地,并剔除了短暂性的光源污染像元,数据 DN 值介于 1~63。数据预处理方法详见 Small 等(2005)的工作,该方法优点在于不需要对放大增益进行人为控制,因而可充分利用现有数据储备进行多年度时间序列制图,有利于城市化强度及其时空分异分析。但数据本身引入了一些道路灯光、街道和建筑物灯光装饰等无效灯光区,直接分析灯光数据与人口分布关系会产生较大误差。

针对上述问题,利用 LUCC 各类型图与灯光辐射数据进行叠置分析,并以灯光辐射数据的范围和单元格大小为基准,将 LUCC 数据转为栅格图,重采样为 500 m 分辨率的数据,投影为 Gauss_Kruger 投影。

首先,剔除辐射数据噪声点(DN=3),为方便计算,将各数据转为点图层文件;由于

单独的人口用地之间会有其他类型的用地分隔（公共草地或林地等），为此，假设此类像元直径 200 m，利用 GIS 滑动窗口检测功能进行缓冲分析，得到逼近真实人口居住区的灯光辐射数据；分别随机抽取 90% 的样本进行插值，10% 的样本用于交叉检验，样本见表 6.5。

表 6.5　灯光辐射数据建模的样本

土地利用类型	编码	训练样本点数	验证样本点数
耕地	1	4 275	476
林地	2	274	31
草地	3	2 872	320
水域	4	194	22
城镇及建设用地	5	4 743	527
未利用地	6	15 138	1 682

其次，利用获取的数据进行基于 ArcGIS 的探索性空间数据分析，选取三种常见插值方法对比分析：反距离加权插值（IDW）、普通克里金插值（OK）和径向基函数法（RBF），各插值方法对比见表 6.6，样本数 $n=30 885$，可以发现，在训练样本集中，OK 方法的均方根（RMS）为 0.494，是三种方法中最小的，在验证数据中也最低，故选择 OK 插值。通过预处理有效避免了夜间灯光辐射数据灯光饱和及噪声点问题，可认为该数据基本符合人口空间分布格局，可用于进一步的分析，非定标夜间灯光辐射结果如图 6.13 所示。

表 6.6　插值方法对比

插值方法	训练样本集		验证样本集	
	回归方程	RMS	回归方程	RMS
IDW	$0.987x+0.065$	0.565	$0.993x+0.039$	0.539
OK	$0.994x+0.028$	0.494	$0.993x+0.034$	0.463
RBF	$0.996x+0.147$	0.685	$0.983x+0.090$	0.685

3. 人口空间化建模流程

引入 LUCC 的人口空间分布制图可显著提高基于简单面积权重法的制图精度。建模中所得到的权重参数要能反映不同 LUCC 类型内部的异质性。权重参数获取途径有：先验知识分类；通过 LUCC 和人口关系随机生成权重；基于已知人口分布协方差，通过外生变量或者 LUCC 类型次要特征生成权重；利用等级结构信息划分方法评价人口分布；还可以使用土地调查结构、样区编号或者居民点数据等生成权重参数。但模型均应满足如下条件：必须基于土地像元估计人口；估计值非负；图斑有差异性；能反映样本固有误差，并可检验。

引入夜间灯光数据的优势在于：①提高人口分布模拟精度；②增加方法的可移植性；③可以定期校正和更新数据。面临的问题有：数据合理性问题；地表反射、大气散射和折

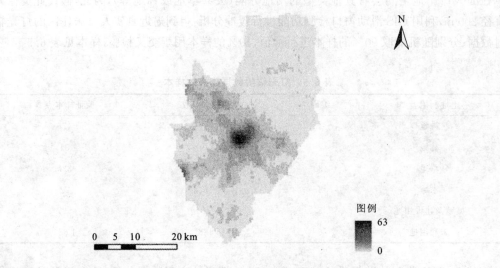

图 6.13 甘州区 2000 年夜间灯光辐射图

射等导致传感器成像有模糊区域;影像时间异质性问题,如天气状况、云层覆盖及自然光等的影响,要对影像预处理,以获取稳态灯光数据;同一像元内大面积非居住区活动(如交通、娱乐、商业和工业活动等)干扰;街道和建筑物灯光以及不同人群生活方式等。

灯光数据不能直接表征区域人口密度,要分析灯光辐射与人口密度关系。具体建模步骤:首先,获取改进的稳态夜间灯光辐射数据并重采样,减少区域数据辐射饱和、消除噪声点;第二,以各乡镇人口数据为因变量,不同 LUCC 类型灯光区面积、非灯光区面积以及总灯光辐射强度为自变量做回归分析,获取权重系数,完成建模(图 6.14)。

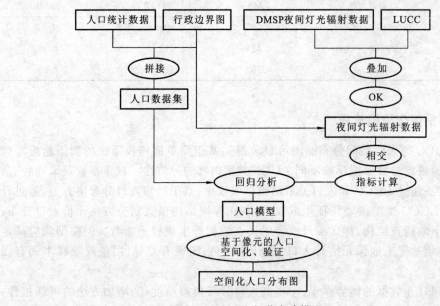

图 6.14 人口空间分布建模流程

首先将已有的基于LUCC类型的非辐射定标夜间灯光数据转为矢量点数据,然后与行政边界图叠加,加入人口项,在ArcGIS中完成数据库构建,各乡镇的人口与面积如图6.15所示。

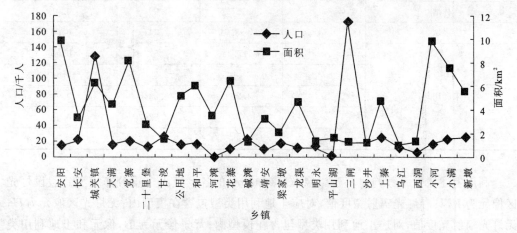

图6.15 甘州区2000年基于乡镇的人口和面积

基于不同行政边界和土地利用类型,计算如下变量:U_n为灯光辐射数值为0的像元数,代表无灯光区;L_n为灯光像元数,代表有灯光区;L_e为灯光总辐射亮度值,以DN值表示。模型构建采用逐步回归方法,各LUCC类型作为自变量时的引入顺序为:城镇及建设用地、耕地、草地、林地、水域和未利用地。如果自变量相关系数为正且在0.05置信水平下显著,则保留该自变量;模型常量也须为正,虽可能降低模型预测效果,但该约束条件进一步保证了整个研究区内人口预测值的非负性。最终模型表达式表示为

$$P_k = P'_k + \sum_{j=1}^{n}(l \cdot L_n + u \cdot U_n + e \cdot l_e)_{kj} \tag{6.6}$$

式中:P_k为来源于统计年鉴的第k个乡镇的人口;L_n、U_n和L_e分别为第k个乡镇中第j类土地利用类型的有光像元数、无光像元数和总灯光辐射强度;l、u和e为回归系数(权重);P'_k为常量,表征模型的初始值。回归分析中共有18个自变量,通过显著性和正数检验后,最终获得12个自变量的系数,见表6.7。

表6.7 灯光辐射模型回归系数确定

土地利用类型		系数		标准系数 Sig.
	常量	849.25		0.04
城镇及建设用地	l	135.30	0.52	0.00
	u	136.31	0.16	0.05
	e	39.56	1.28	0.00
耕地	u	252.33	1.26	0.00
	e	42.69	0.99	0.01
草地	u	3 189.70	4.00	0.01

续表

土地利用类型		系数	标准系数	Sig.
林地	e	801.19	4.09	0.01
水域	u	28 998.74	7.34	0.00
	e	7 017.34	7.57	0.00
	l	521.81	2.53	0.00
未利用地	u	4.29	0.23	0.04
	e	103.70	2.82	0.00
	Adj_R^2	0.88		

利用上述权重系数构建基于影像粒度(500 m)的各乡镇人口重分布模型。假设灯光区像元为 L，具有灯光辐射亮度值，对应土地利用类型包含在模型内；无灯光区像元为 U，无灯光辐射亮度值，对应土地利用类型包含在模型内；背景像元为 B，像元和土地利用类型都不包含在模型内。计算每个乡镇人口数量的公式如式(6.7)。式中，N_k 为第 k 个乡镇内背景像元个数；n 为总乡镇数。人口重分布预测模型构建完成，各乡镇人口预测与年鉴数据在空间上完成匹配，最后对模型进行检验。

$$P_{ijk} = \frac{P_k \cdot (l \cdot L + e \cdot L_e + u \cdot U + B \cdot P'_k / N_k)}{\sum_{i=1}^{n}(l \cdot L + e \cdot L_e + u \cdot U + B \cdot P'_k / N_k)_i} \qquad (6.7)$$

4. GDP 空间化建模流程

主要分两部分完成 GDP 空间化。首先，分析基于乡镇单元的 GDP 与对应的夜间灯光辐射数据 DN 值之间的关系。给出不同单元的 DN 值与对应 GDP 的线性关系，并按相关性程度分组，获取各组中行政单元的唯一相关系数 β'_i。同时假设灯光辐射数据总和为 0 的区域 GDP 也为 0。求算各乡镇单元 GDP 的模型表示如下

$$\beta'_i \times SL_i = GDPI_i \qquad (6.8)$$

式中：SL_i 为行政单元 i 对应的灯光辐射总值；β'_i 是行政单元 i 估计的相关系数；$GDPI_i$ 是对应行政单元经济活动产生的 GDP 估计值。

然后，基于乡镇单元模拟所得的 GDP 进行空间化，通过加入灯光辐射数据和人口空间分布数据实现。整个流程具体见图 6.16。

5. 人口空间化分析与精度验证

辐射强度变量 e 在每类土地利用类型中都存在，而灯光区变量 l 和非灯光区变量 u 随不同 LUCC 类型各不相同，未利用土地中出现灯光区，可能是土地利用解译误差造成的。所有回归系数都通过显著性检验($p=0.05$)，方程调整 R^2 为 0.88，标准误差(standard error, SE)为 400。最终的人口分布图见图 6.17。

为比较模型在小区域人口分布模拟中的精度，分别与参照数据和统计数据进行对

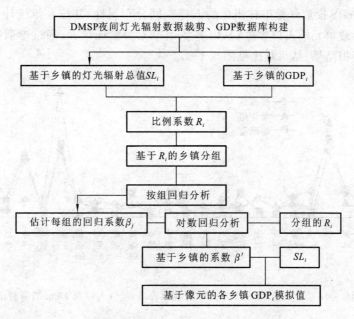

图 6.16　甘州区 GDP 空间化的技术流程

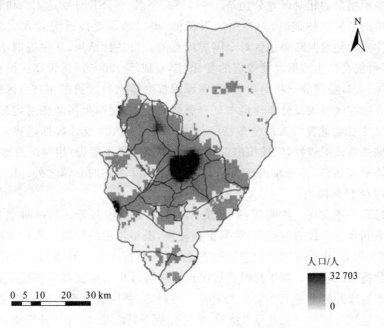

图 6.17　甘州区 2000 年人口空间分布

比,参照数据来源于杨小唤等(2002)的工作,该工作基于人口空间分布区划,通过 TM 影像获取 1:10 万的 LUCC 数据,建立了统计人口数据与 LUCC 类型间的多元相关模型,计算各种土地利用类型的人口系数,并利用 GIS 计算了全国基于 1 km 格网的人口空间分布。利用 ArcGIS 提取张掖市甘州区的人口空间分布属性，并按乡镇统计。由于缺乏详细的以村为行政单元的人口数据，只以各乡镇单元为验证单元，通过参照数据和统计年鉴数据检验模拟结果，结果对比见图 6.18。

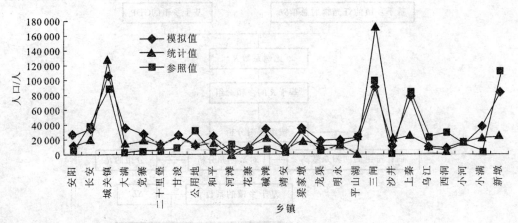

图 6.18 甘州区 2000 年灯光辐射模拟人口、统计人口及 1 km 结果对比

以总人口而言，模拟值为 659 644 人，参照结果为 581 054 人，统计人口为 646 636，模拟结果和参照结果的相对误差分别是 5.97% 和 -8.14%，SE 分别是 435 和 541。灯光辐射数据模拟的结果总体偏高，而参照结果偏低，模拟结果更接近统计人口值，可靠性较大。但要注意的是参照结果是针对全国居民点的人口估计结果，从中提取小区域的人口模拟结果，可能会产生数据尺度效应的变化（李双成 等，2005）；且研究区面积较小，地处西北干旱区，人口空间分布相对稀疏，这些原因都会影响参照数据在甘州区的模拟精度。上述建模方法在区域人口分布建模中具有更好的精度，说明夜间非辐射定标平均稳态数据相较 TM 影像更能反映人口分布特征。模拟结果和人口统计数据趋势基本一致。人口密集的城关镇模拟较好，但模拟值偏低；三闸模拟效果不理想，相对误差达 47.71%；上秦和新敦均被高估，误差分别为 38.17 和 39.61%，除上述四乡镇之外，其余各单元模拟相对误差均在 10% 以内。

建模过程中还发现一些问题：一是统计年鉴数据精度较低。数据时空分辨率低，一般只能获取到乡镇一级的数据，且数据更新较慢，栅格尺度的模拟结果存在不确定性，对人口的性别、年龄、职业等属性信息的调查也较少，而这些要素的空间化有重要意义。二是居民点数据难以获取。基于村级的居民点数据可以用来纠正与验证模拟精度，增加模拟效果。现阶段开展上述工作需要大量人力与财力，利用高分辨率遥感数据将有利于实现人口动态监测与模拟。从分析方法看，统计分析不可或缺，但统计分析中涉及大量数据转换，且地广人稀区域存在大量"背景"值（0 值或低值区等），分析中会造成数据信息损失，今后可考虑与人工神经网络、决策树、模糊分类等方法集成使用，以提高人口估计精度。

不确定性问题也值得关注：一是以往都侧重于大尺度人口模拟，区域降尺度分析的合理阈值是多少，精度究竟怎么变等都需要深入分析。二是数据，由于灯光辐射数据本质上反映了人类活动强度，因此除与人口有关外，还受其他因素影响，如 GDP、经济结构乃至军事国防等特殊发展因素。如何恰当区分各自的效应及避免多因素分析时的共线性问题都是存在不确定性的原因。灯光辐射数据不能直接表示连续的空间人口分布，利用LUCC数据与灯光辐射数据作回归分析，对要素进行简化，以简单性和可移植性为建模目的，有助于减少不确定性效应。今后可尝试加入高精度的、影响较大的人口因子，如GDP等。

6. GDP空间化分析与精度验证

1) 基于乡镇单元的GDP模拟

首先，计算基于乡镇单元的2000年夜间灯光辐射DN值总和SL_i，并与各乡镇GDP_i进行回归分析，$R^2=0.755$，结果见图6.19。其中，梁家墩在特定的灯光辐射总和下具有较高的GDP值，主要原因是其处在城市区，所占的面积比例相对较小，但DN值等级间隔不明显，这导致灯光值总和反映GDP时出现了偏小的情况。其余样本点基本均匀地分布在回归线两侧，这说明基于乡镇尺度的GDP和对应DN值总和的相关性较好。

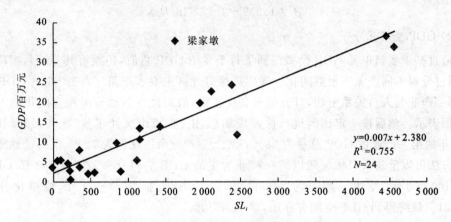

图6.19 基于乡镇单元的SL_i与GDP相关性

如果基于乡镇的SL_i与GDP具有较强相关性，则可通过定义一个比例因子R_i，依据R_i的相似性对不同乡镇进行聚类和分组。该因子的计算公式为

$$R_i = SL_i/GDP_i \tag{6.9}$$

R_i值越大，说明与i乡镇GDP对应的灯光辐射越亮度越高，反之，说明亮度越低，图像上显得越暗。根据R_i值的不同，将其分为三组：第一组R_{i1}为0.01~0.02，GDP所占百分比为49.47%；第二组R_{i2}为0.02~1，GDP所占百分比为46.17%；第三组R_{i3}为1~8.55，GDP所占百分比仅为4.36%。其中，公用地、乌江、明永、沙井、西洞和平山湖的面积大、人口少，灯光辐射亮度的误差得到了累加，导致SL_i总值与GDP相关程度低，故采用整体相关性结果代替。前两组的相关性分布如图6.20所示。

基于分组结果，求第j组回归系数β_j，以人口数据为权重，对SL_{ij}进行分组校正，并和R_i进行曲线拟合分析，变换后的方程消除了回归分析中常数项的干扰，利用构造的变量R_i得到了基于乡镇单元的回归系数β'_j(式6.10)，$R^2=0.886$，样本数$N=24$。至此，可以

(a) 第一组　　　　(b) 第二组

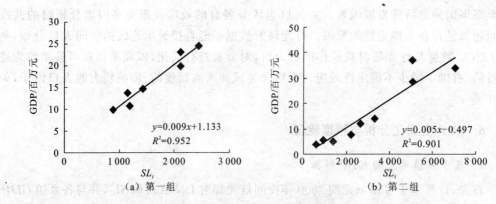

图 6.20　分组的 SL_i 与 GDP 相关性

得到基于乡镇的各区域唯一回归系数 β_i'，再利用式(6.8)计算基于乡镇单元的 GDP 模拟数据，结果为 GDP 空间化提供数据源。

$$\beta_i' = 1.939 - 2.17 \times \ln(R_i) \tag{6.10}$$

2）GDP 空间化分布

通过基于乡镇单元 GDP 模拟得到了每个乡镇 GDP 总值，还须将其分解到栅格单元上，通过分解不同产业实现空间化。遥感影像灯光区主要表征第二/三产业对 GDP 的贡献，第一产业与人口关系密切，灯光辐射亮度很低，故对经济活动贡献用空间化的人口分布数据表示。然后按一定比例进行像元级加总，由《张掖市统计年鉴(2000)》知，甘州区 2000 年的第一产业占 GDP 总量为 28%；第二、三产业所占比例为 72%，说明这种像元级加总方法可以反映人口稀疏区以第一产业为主的 GDP 空间分布。假设某乡镇 GDP 总量为 100 000 元，则第一产业为 28 000 元，第二/三产业为 72 000 元，栅格化分解见图 6.21。最终得到 GDP 空间分布图，单位为万元。

人口总和：500人

0	0	200
25	100	25
75	25	50

灯光辐射总和：60

5	0	10
0	20	5
5	10	5

第一产业：28 000元

0	0	11 200
1 400	5 600	1 400
4 200	1 400	2 800

＋

第二/三产业：72 000元

6 000	0	12 000
0	24 000	6 000
6 000	12 000	6 000

＝

基于栅格的GDP：100 000元

6 000	0	23 200
1 400	29 600	7 400
10 200	13 400	8 800

图 6.21　基于栅格的 GDP 分解过程

由于验证数据精度受限，仅基于乡镇尺度进行验证，$E=372$ 万元，$SD=34$ 万元，对比模拟结果与统计值(图 6.22)，获得甘州区栅格尺度(500 m×500 m)2000 年 GDP 空间分布模拟图(图 6.23)，其中，高值区分布在以城关镇为中心的若干乡镇中，包括城关镇和梁家墩、和新敦、甘浚、上秦、长安的一部分区域,均超过 95 万元/km²。对比土地利用图可发现,无值或低值区主要分布在山地、荒漠、水域及其他较难靠近的区域。

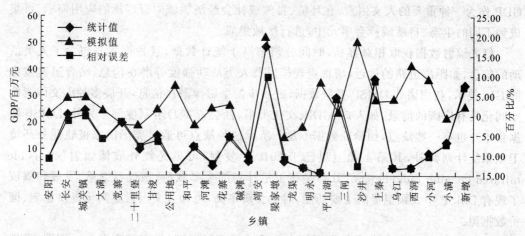

图 6.22 甘州区 2000 年 GDP 模拟结果与统计结果对比

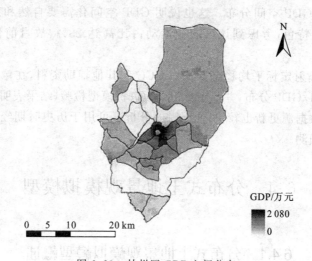

图 6.23 甘州区 GDP 空间分布

相较统计值而言,高估的乡镇有 17 个,低估的乡镇有 7 个。高估乡镇中,梁家墩、沙井和西洞误差超过 10%,梁家墩所在的灯光辐射区的灯光差异性小,数据 SL_i' 整体偏高,导致估计偏高,沙井和西洞面积相对较大,SL_i' 被低估。SL_i' 和 $β_i'$ 的变化对 GDP 变化趋势的影响效应各不相同,具体规律还需进一步分析。另外的可能是,通过灯光辐射数据反映出了一些隐性的非正规经济活动,这部分经济活动对 GDP 贡献在年鉴中是忽略的,所以才造成估计值大于统计值。说明今后要注重分析非正规经济活动对 GDP 贡献,争取提供精确、全面的数据源对提高建模精度具有重要作用。

利用夜间灯光辐射数据和人口空间分布生成 GDP 空间分布图,建模方法相对简单,易于推广。同时,由于灯光辐射数据实时更新,可做时序分析;在应用层面上,GDP空间化可服务于决策和管理;可对不同监测单元进行有针对性的经济发展调控。空间化的GDP作为一种重要的人文因素,在环境、自然或社会经济领域中有广泛的应用需求,可集成到不同的生态、自然或社会单元中,进行区域集成。

灯光辐射数据获取相对容易,时间分辨率高于统计数据,且数据本身包含了人类活动的信息,如距离道路的远近,居民点规模以及人类活动强度等潜在信息、结合迅速发展的GIS技术,利用诸如DMSP卫星数据,进一步挖掘影像潜在信息,开展多种人文因素的空间化具有广阔的前景,如人口、GDP、文化类型、社会资本乃至制度等。另外,DMSP数据集本身也有一些缺点,如验证数据不足。所幸这种缺点可通过美国国家极轨业务环境卫星系统计划弥补,其第1颗卫星已于2010年发射,可见光红外成像辐射仪(visible infrared imaging radiometer,VIIR)是该卫星计划的主要载荷,该仪器继承、发展和集成了现有DMSP中3颗卫星的主要功能,时空分辨率高,可为人文因素空间化提供稳定、廉价数据源。

此外,利用人口空间分布数据表征农业活动时,可通过制作高精度农业区划图,发展适合的区域作物生长模型,同时辅以精确的农作物类型价格统计结果等来修正估算结果,单独获取农业GDP空间分布。这也说明GDP空间化需要自然和人文建模方法集成,具有交叉学科特色,考虑到该区农业活动占比高达28%,故目前估算值仍然可能偏低。

利用夜间非辐射定标平均稳态数据、LUCC和其他辅助资料,在像元水平上构建张掖市甘州区的人口/GDP分布,并基于乡镇单元进行模型检验,结果表明建模方法精度较好,可移植性强,数据源更新也较快,便于时序分析。可用于历史时期经济活动空间演替规律分析或趋势预测。

6.4 分布式土地景观模拟模型

6.4.1 分布式土地景观模拟模型概述

土地景观变化过程、演变趋势、驱动力及其生态效应正成为土地景观模拟的热点(刘纪远 等,2009;Turner II et al.,2007;Verburg et al.,2007)。IGBP和IHDP联合进行的global land project(GLP)已将土地利用和管理影响下的生态系统演变作为核心问题。揭示土地景观变化的主要驱动力、模拟其变化过程和预测演变趋势对土地利用规划、区域资源合理利用以及环境管理等都有重要作用。土地景观模拟主要取决于不同尺度的自然和人文因素的相互作用(刘燕华 等,2004;Veldkamp et al.,2001)。

近年来,基于不同研究需要,已开发了多种土地景观模拟模型。但迄今仍没有单独的模型能揭示跨尺度的所有土地景观变化的关键过程(何春阳 等,2005)。每个模型都有自己的优势和局限。多数模型只能反映某一类过程变化或是纯粹缺乏空间显式的表现力。因此,开发可以多方面表现土地景观格局变化的集成模型显得十分重要,通过开发集成模型也可以更好地表征土地景观系统变化的多尺度特征。对土地景观格局的时空动态综合分析可以提高模型集成层次,耦合和集成现有模型是一种可行且有效的方法。

CLUE-S 是 Verburg 等(2002)在已有的 CLUE 模型基础上开发的高分辨率土地景观格局模拟模型。CLUE-S 模型有如下建模基础:一个地区土地景观格局变化受该地区土地利用需求驱动,并且区域土地景观分布格局总是和其土地需求以及自然环境和社会经济状况处在动态平衡之中。该模型可以更好地表现不同时空尺度下多种土地景观类型的变化过程,并可进行情景预测,以表现出不同情景下未来土地景观格局变化的细节;然而,模型对给定社会经济条件下各类土地宏观需求的空间表现仍然有限。通过引入社会科学方法,结合社会经济统计数据建模,或采用其他模型预测结果作为土地景观格局约束条件输入模型,这已成为改进 CLUE-S 模型的一种重要途径。

系统动力学(SD)是 Forrester(1968)创建的用来分析系统复杂行为的一种方法。SD 可以很好地反馈系统内部要素之间的相互作用,借助计算机建模,完成对复杂管理问题的思考与研究。SD 也常用来预测基于不同社会经济条件下的土地利用需求,或用于预测不同土地利用规划或管理情景下的土地景观格局变化;建立能反映人类活动影响的 SD 模型并将其用于预测土地利用需求是常见方法。但 SD 模型表现空间过程的能力有限,不能很好地处理大量空间数据,也不能在空间尺度上表征这些系统要素的变化分布。

本书尝试开集成 SD 模型与 CLUE-S 模型的建模方法,并将其用于区域土地情景分析实践中,实现更合理和准确的预测土地景观格局变化过程。为区域土地利用规划和环境管理提供一定的决策支持。具体目标是:①开发一个能反映人类活动影响的、综合的 SD 模型,用于预测区域时间尺度上不同景观类型在不同社会经济情景下的土地总需求量;②利用 CLUE-S 实现土地利用需求驱动下的景观格局的空间显式模拟,并探讨空间格网尺度合理性;③分析集成建模方法的优缺点和不确定性。

6.4.2 分布式土地景观模拟模型及应用

以张掖市甘州区为典型案例区,遥感数据分别为 1996 年、2000 年、2005 年三期 Landsat TM 影像(分辨率为 30 m),可满足需要,影像均采用横轴墨卡托投影,在 ERDAS 软件中进行影像解译,最终得到三期土地利用图。同时,参考 GB/T 21010—2007《土地利用现状分类》,将土地利用类型分为六大类:耕地、林地、草地、水域、建设用地和未利用地。值得注意的是,甘州区以荒漠化基质的绿洲农业景观为主,园地很少,故土地利用分类中未包括传统的园地类型。利用解译影像的土地景观类型面积进行分类精度验证,1996 年、2000 年、2005 年三期影像的土地利用面积精度分别为 93%、96%、94%。

收集以下辅助数据:100m 数字高程模型(DEM),并分别生成坡度、坡向图;2000 年地下水深分布图;水文地质图(按区域特点分为两类:山前(山间)平原—第四系松散堆积孔隙水;山地—前第四系基岩裂隙、岩溶水和层状水);1:10 万土壤图,按土壤亚类重分类为灰漠土、栗钙土、灰钙土、草甸土四类;道路分布图,用其制作区内各点到道路的最短欧几里得距离分布图；乡镇区划图，利用1996年和2000年人口数据（以乡镇为统计单元），制作人口密度分布图。道路和乡镇区划图源于国家1:400万基础地理信息数据。将各种数据属性录入Geodatabase数据库，各类图数据统一采用横轴墨卡托投影，并使栅格大小统一为500 m×500 m，作为CLUE-S模型源数据。社会经济数据主要来源于1996~2005年甘州区统计年鉴。

通过集成SD模型和CLUE-S模型来反映张掖市甘州区土地景观格局时空变化过程，模型主要在局部和区域两个空间尺度上展开：在区域尺度上，利用SD模型模拟土地景观类型在不同情景设计下的土地总需求量，主要受各种社会经济因子影响。用系统动力学软件STELLA进行SD建模。CLUE-S模型用于模拟局部尺度上不同土地景观类型的空间变化细节，主要采用"自上而下"的土地利用类型空间分配方法，最终完成土地景观格局变化的空间显式模拟。

1. SD模型

土地景观需求的变化与区域社会经济发展程度密切相关，主要受人文因素驱动，包括人口、GDP、城市化、技术进步以及政策等因素。利用SD模型分析土地利用和社会经济发展之间的复杂关系十分有效。通过区域不同关键人文因素组合，可设计多种行之有效的社会经济发展情景，相较其他建模方式而言，利用SD模型模拟不同情景下土地利用类型的整体变化更具优势和高效性。

构建SD模型主要分为土地利用转换和驱动力两部分。土地利用转换主要反映不同土地景观类型之间的相互转化及其与多种驱动力之间的联系。通过ArcGIS的空间分析功能模块，得到两期土地利用图中不同土地景观类型相互转换的Markov转移矩阵，完成基本的土地景观类型转换模型构建。基于Markov矩阵的土地景观类型变化已较成熟，但该建模方法不能明确反映人类活动对土地景观的利用和转化影响，故本书设计了SD模型驱动力部分，将模型与人类活动过程进行耦合，通过两个耦合驱动力系数K和M，实现人类活动影响的驱动因子与基于Markov转移矩阵的转换方程耦合，最终，通过对耦合模型调参实现更合理的土地景观格局变化模拟和预测。模型驱动力部分主要包括人类活动需求、经济发展需求、技术进步等因素，根据已有数据，对不同驱动力进行指标细化。SD模型的主要常微分方程如下

$$A(t) = A(t-dt)(A_5 + A_3 + A_2 + A_4 + A_1 - A_6 - A_8 - A_9 - A_{10} - A_7) \times dt \quad (6.11)$$

$$B(t) = B(t-dt)(B_4 + B_6 + B_3 + B_1 + B_2 - A_5 - B_7 - B_8 - B_5 - B_6) \times dt \quad (6.12)$$

$$C(t) = C(t-dt)(B_7 + C_2 + C_3 + C_1 + A_{10} - B_4 - C_6 - C_4 - C_5 - A_1) \times dt \quad (6.13)$$

$$D(t) = D(t-dt)(C_6 + D_1 + D_2 + A_9 + B_6 - C_2 - D_4 - A_2 - D_3 - B_2) \times dt \quad (6.14)$$

$$E(t) = E(t-dt)(D_4 + E_1 + A_8 + B_5 + C_5 - D_1 - A_3 - E_2 - C_1 - B_1) \times dt \quad (6.15)$$

$$F(t) = F(t-dt)(C_4 + E_2 + D_2 + B_8 + A_7 - C_2 - D_2 - E_1 - A_4 - B_3) \times dt \quad (6.16)$$

式(6.11)~(6.16)分别表示基于Markov转移矩阵的耕地、林地、草地、水域、建设用地和未利用地在时刻t的面积，A_{xy}—E_{xy}为Markov转移矩阵系数，均属于状态方程。与人类活动有直接联系的耕地初值A_0和建设用地初值E_0由式(6.17)~(6.18)计算所得。

式中：K 为耕地驱动力系数，M 为建设用地驱动力系数；人类活动扰动的建设用地变化量 E_sum 由式(6.19)～(6.25)计算；式(6.26)～(6.27)计算人口和 GDP 变化量。

$$A_0 = 1\,140.924\,9 \times K + Food\_demad \times Crop\_ratio \times \_Farea1/Yield \times (1-K) \tag{6.17}$$

$$E_0 = E\_sum \times M + 10.092\,2 \times (1-M) \tag{6.18}$$

$$E\_sum = IM\_area + S\_area + T\_area + W\_area + C\_area + U\_area \tag{6.19}$$

$$IM\_area(t) = IM\_area(t-dt) + IM \times I\_occupy \times dt \tag{6.20}$$

$$S\_area(t) = S\_area(t-dt) + SI \times S\_occupy \times dt \tag{6.21}$$

$$T\_area(t) = T\_area(t-dt) + (TI \times T\_occupy) \times dt \tag{6.22}$$

$$W\_area(t) = W\_area(t-dt) + WI \times W\_occupy \times dt \tag{6.23}$$

$$C\_area = Country\_pop \times C\_per\_area \tag{6.24}$$

$$U\_area = Urban\_pop \times U\_per\_area \tag{6.25}$$

$$Total\_pop(t) = Total\_pop(t-dt) + Total\_pop \times (Ng\_rate + Mg\_rate) \times dt \tag{6.26}$$

$$GDP(t) = GDP(t-dt) + GDP \times G\_rate \times dt \tag{6.27}$$

各方程涉及的参数含义详见表 6.8。同时，利用 STELLA 软件构建 SD 模型（图 6.24，虚线框部分表示驱动力系统），模型具体包括 12 个状态变量、37 个速率变量、57 个辅助参数以及 90 个过程方程。模型利用 1996 年各类土地利用数据作初始输入，并利用 2000 年和 2005 年数据调参和校正模型，耕地驱动力系数 K 为 0.81，建设用地驱动力系数 M 为 0.35，并做精度验证（表 6.9）。2000 年各类土地利用模拟中，水域模拟精度最低，为 -4.49%，其余土地类型模拟精度绝对值均小于 1%，效果较好。2005 年模拟精度最低仍为水域，为 3.27%，但其余各类土地利用类型精度普遍低于 2000 年，模拟精度绝对值均小于 2%。2000 年土地利用面积精度最高(96%)，这也可印证 2000 年模拟精度整体较好的结果；水域模拟误差较大与遥感影像解译效果有关，人工水渠、水库与自然水域在影像解译时较难辨认，致使相对误差较大。总之，两期影像各类土地利用面积的模拟误差均小于 5%，可认为达到了所需精度。

表 6.8 SD 模型主要参数

指标	编码	指标	编码	指标	编码
耕地	A	特殊用地	S_area	GDP 增长率	G_rate
林地	B	特殊用地增加量	$S\_increase$	国内生产总值	GDP
草地	C	万元特殊投资占地	S_occupy	自然人口增长率	Ng_rate
水域	D	特殊投资	SI	交通投资比率	TI_ratio
建设用地	E	交通用地	T_area	城镇化水平	Urb
未利用土地	F	交通用地增加量	$T\_increase$	粮食生产增长率	per_Yield
农村居民点	C_area	交通投资	TI	粮食自给率	$Crop\_ratio$
乡村人口	$Country\_pop$	城镇面积	U_area	万元工业投资占地	I_occupy
建设用地变化量	E_sum	城镇人口	$Urban\_pop$	工矿业投资比率	IM_ratio
耕地需求量	F_demand	水利用地增加量	W_add	机械增长人口	Mg_rate

续表

指标	编码	指标	编码	指标	编码
固定资产投资	Fix_I	水利用地	W_area	机械人口增长率	Mg_rate
粮食需求	F_demand	水利投资	WI	人均粮食需求量	P_demand
GDP 增长	G_add	人口总量	$Total\_pop$	特殊投资比率	SI_ratio
工矿业投资	IM	人均居民点用地	C_per_area	万元交通投资占地	T_occupy
独立工矿用地	IM_area	单位转换系数	$effi$	人均城镇用地面积	U_per_area
独立工矿地增加	$IM\_increase$	农作物占耕地面积	F_aera	水利投资比率	WI_ratio
自然增长人口	N_growth	固定资产投资比率	Fix_I_ratio	万元水利投资占地	W_occupy

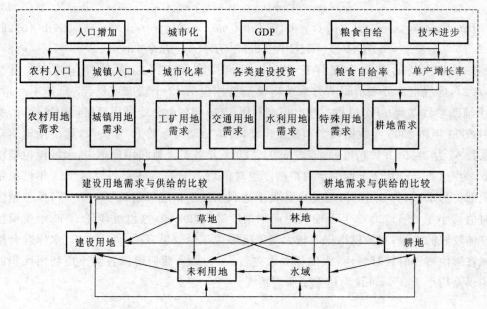

图 6.24　SD 模型结构

表 6.9　模型模拟精度和结果验证

		耕地	林地	草地	水域	建设用地	未利用土地
2000 年	解译值/ha	95 116	2 861	41 975	2 788	12 181	210 526
	预测值/ha	94 303	2 850	42 280	2 663	12 223	211 142
	相对误差/%	−0.85	−0.38	0.72	−4.49	0.34	0.29
2005 年	解译值/ha	92 345	572	56 574	4 393	31 574	179 989
	预测值/ha	93 093	564	57 194	4 537	32 151	179 078.00
	相对误差/%	0.81	−1.39	1.09	3.27	1.82	−0.49

基于上述校准后的模型,利用 1996~2005 年社会经济数据,通过分析对比,设计了

三种社会经济发展情景。由于该区地处典型内陆河流域,以绿洲农业景观为主,生态环境相对脆弱。近年来,经济快速发展,人口不断增加,对该区生态环境和绿洲景观产生了巨大影响,故情景设计时围绕与经济和人口相关指标展开,重点探讨经济发展加速、维持现状以及减速三种情景下的土地利用变化情况。指标主要用于反映经济增长、人口增长、城市化、粮食供给和技术进步(以粮食生产增长率为对应指标)等方面,具体指标及情景设置见表6.10。情景1为经济加速发展型;情景2为经济平稳发展型,与当下发展趋势基本一致;情景3为经济减速型,探讨经济发展放缓时的情景。

表6.10 甘州区社会经济发展情景设计

	1996~2000年	情景1	情景2	情景3
GDP增长率	8.81%	10%	8.5%	7%
自然人口增长率	6.23‰	8‰	6‰	4‰
城市化率	23.29%	40%	30%	20%
粮食自给率	95%	110%	100%	90%
粮食生产增长率	1%	1.3%	1%	0.7%

2. CLUE-S模型

土地利用变化及其空间效应(conversion of land use and its effects,CLUE-S)模型是在CLUE模型基础上发展的,不同的是CLUE模型主要适用于宏观建模,模拟单元土地利用特征时用复合类型表示,即不同土地利用类型所占百分比,主要用于发现土地利用变化热点;通过CLUE-S模拟不仅可发现土地利用变化热点地区,还可模拟近期土地利用变化情景(Verburg et al.,2009)。相应的,CLUE-S模型需输入四部分数据,其主要模块作用及计算方法如下:

1) 需求模块

土地利用需求作为和SD模型的接口,通过输入SD模型结果实现。该模块的优势是引入了社会经济要素,成为耦合自然与人文因素的桥梁。

2) 区位特征统计分析模块

主要用来确定土地利用类型发生变化的权重值,实质上是制定土地利用类型发生转化的规则。主要采用二元logistics回归方法建立不同土地利用类型空间分布和驱动力之间的关系,计算见式(6.28)。

$$\ln\left(\frac{P_i}{1-P_i}\right)=\beta_0+\beta_1 X_{1,i}+\beta_2 X_{2,i}+\cdots+\beta_n X_{(n,i)} \tag{6.28}$$

式中:P_i为土地利用类型i的格网变化概率;X为驱动因子,β为驱动因子系数。Logistics回归的精度评价一般用特征操作曲线(ROC)衡量(Pontius et al.,2001),ROC曲线的线下面积越大,表明该方程回归效果越好。本书具体采用SPSS 19.0软件完成上述回归分析过程。

考虑到驱动因子选择时要尽可能代表区域影响土地景观格局变化的各种人文和自然因素,还要防止共线性问题,故因子尽量代表不同的自然或人文属性,并考虑数据可获取性,最终选择了 8 类共 12 个回归因子:人口密度(人/公顷)、土壤类型(灰漠土、栗钙土、灰钙土、草甸土等)、高程(m)、坡度(度)、坡向、道路可达性(km)、地下水量(m)、地下水质(分为两类:山前〈山间〉平原:第四系松散堆积孔隙水,山地:前第四系基岩裂隙、岩溶水和层状水),按序分别用 B1-B12 表示(表 6.11)。

表 6.11 甘州区 2000 年各类土地利用类型 β 值

回归因子	耕地	林地	草地	水域	建设用地	未利用土地
B1					0.016 5	−0.315 5
B2	−0.673 7	1.347 1	−0.205 2			
B3		0.981 6		1.193 7		
B4				−1.041 7		0.499 8
B5						
B6		0.003 4	0.004 2		−0.003 6	−0.002 7
B7	−0.006 1	−0.089 7	−0.040 5		−0.362 5	
B8	−0.354 5			−0.002 5		0.002 0
B9	−0.001 3			−0.000 2	−0.000 2	0.000 1
B10	−0.000 2	−3.290 8		−0.011 8		0.009 2
B11			0.531 2	−2.873 4	3.785 0	−1.164 3
B12	3.311 3			−3.875 5		1.181 1
常量	7.246 5	−10.861 7	−9.697 2	−0.718 1	−0.402 4	4.457 8

3) 限制条件

考虑到一些特殊区域的土地不允许随便转换,本模型设置了土地利用类型转换的限制条件,以期更好地模拟未来不同情景下的变化。一般情况下,设置转换限制条件的原则是对高投资或者对区域生态环境有重要影响的区域不可以轻易转换。本书对建设用地和大面积耕作区做了转换限制。

4) 土地利用转换规则

不同土地利用类型之间发生转换的可能性不同,由此构成一组土地利用转换系数。转换系数值介于 0~1 之间。1 表示几乎不会发生的土地类型转换,如城市用地转换为农业用地;0 意味着该类型可任意转换,如未利用土地,适宜条件下可转为其他任意用地类型。介于 0~1 的数值表明转换发生的可能性,值越大越不可能。

因变量选解译效果较好的 2000 年数据,将所有数据处理为 500 m×500 m 栅格图层,剔除"坏"点,生成 ASCII 文件,各类 β 值($p<0.01$,表 6.10)按 ROC 值(图 6.25)排序:耕地(0.880)>未利用土地(0.840)>建设用地(0.830)>水域(0.808)>草地(0.774)>

林地(0.739)，耕地表现效果最好，表明该区绿洲农业景观自然特征。ROC 均大于 0.7，满足精度要求。

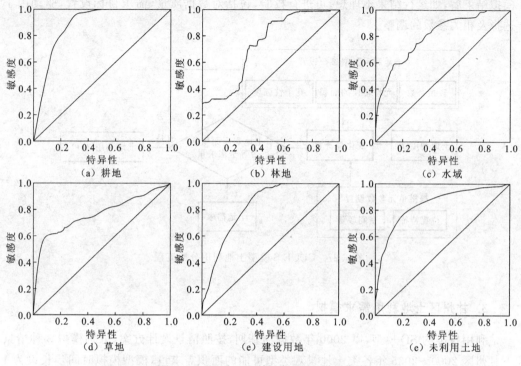

图 6.25 不同土地利用类型的 ROC 曲线

综上：四个子模块计算后，最终进行空间分配，完成 LUCC 空间化模拟和预测。模型架构如图 6.26 所示。

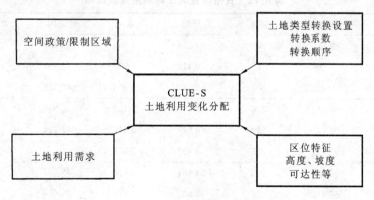

图 6.26 CLUE-S 模型结构

空间分配是 CLUE-S 模型核心。其基本原理是：首先确定允许转换的土地利用单元并计算每一个栅格单元对于每一种土地利用类型的转换可能性（总可能性＝可能性＋转换规则+迭代系数),在此基础上形成最初的土地利用分配图;然后与土地利用需求比较,进行土地利用面积空间分配,直到满足土地利用需求为止,计算程序见流程图 6.27。模拟结束后,如运行结果不理想,可进行校验,包括对数据质量,需求目标设置,驱动因子选择及相关参数的调整。

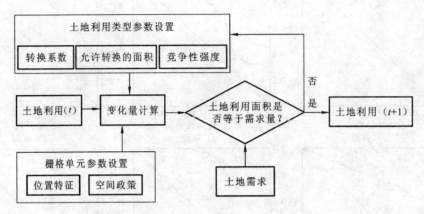

图 6.27 CLUE-S 模型土地利用分配流程

3. 甘州区土地利用需求模拟

利用校准的 SD 模型,以 2000 年数据为基期,按照情景设计方案,分别模拟 3 种情景下甘州区 2000～2035 年各类土地景观类型可能的面积需求量,模型模拟时间步长设为 1 年。对于预测结果,选择与政府土地利用规划接近的相应年份数据,选取 2015 年、2025 年、2035 年三个代表性年份模拟结果进行分析,模拟的土地需求量见表 6.12。

表 6.12 甘州区各类土地利用需求模拟　　　　　　(单位:hm²)

	情景	耕地	林地	草地	水域	建设用地	未利用土地
2015	情景 1	89 492	296	61 256	4 965	45 158	164 295
	情景 2	96 466	289	59 412	4 979	45 843	158 473
	情景 3	101 115	284	58 177	4 990	46 322	154 574
2025	情景 1	85 712	236	62 549	5 434	60 840	150 691
	情景 2	91 437	230	60 677	5 447	61 714	145 957
	情景 3	95 254	225	59 422	5 456	62 314	142 789
2035	情景 1	82 599	222	61 401	5 740	73 087	142 412
	情景 2	87 311	217	59 663	5 754	74 069	138 448
	情景 3	90 453	213	58 499	5 763	74 738	135 795

甘州区不同土地景观类型各情景的面积变化(图 6.28),(a)~(f)分别用于表示耕地、林地、草地、水域、建设用地以及未利用土地的变化情况。各情景下林地、水域、建设

用地预测结果均未出现明显的差异,但林地和水域的共性特征较明显,可能原因是:一方面这两类土地类型解译面积较小,很难反映出差异性;另一方面可能与模型指标设计有关。后续应关注不同情景下土地利用类型面积预测的差异性问题。

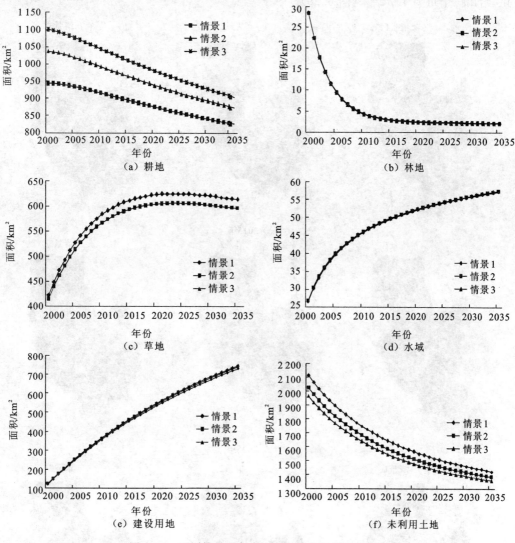

图 6.28 不同情景下各类土地利用类型的面积变化

4. 甘州区土地景观格局空间变化模拟

CLUE-S 模型时间尺度分析结果具体采用 Kappa 指数方法评价。当 Kappa>0.75 时,两个土地利用图的一致性较高,变化较小;当 $0.4 \leqslant Kappa \leqslant 0.75$ 时,一致性效果一般,变化明显;当 $Kappa \leqslant 0.4$ 时,一致性效果较差,变化较大。分别将 2000~2005 年模拟和解译结果对比发现,2000 年 Kappa 为 0.86,2005 年为 0.81,遥感解译的 2000 年影像精度96%,2005年为94%,源数据解译精度会影响最终模拟效果。Kappa系数均大于0.75,说明两年份土地利用图分别与其解译土地利用图一致性较高。在此基础上,根据预先设定的SD情景模拟结果,利用CLUE-S模型模拟2015~2035年土地景观格局变化,给出三个重要年份结果(图6.29)。

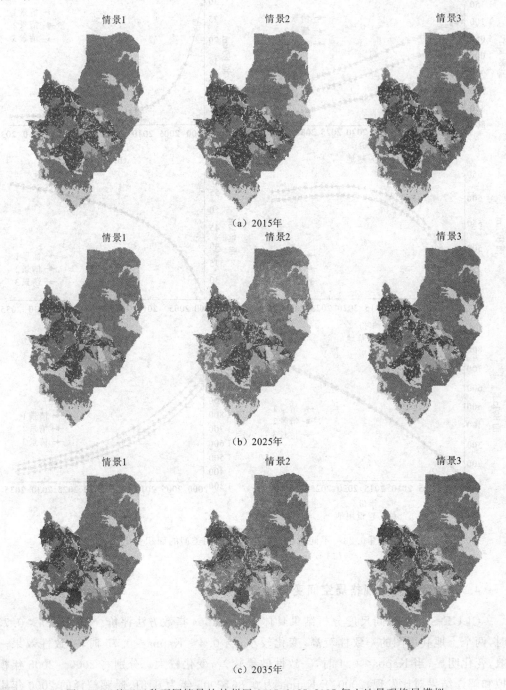

图6.29 基于三种不同情景的甘州区2015、2025、2035年土地景观格局模拟

尝试将 SD 模型和 CLUE-S 模型结合,用于反映 LUCC 时空变化,取得了较好的模型模拟结果。SD 模型作为分析复杂系统的一个有力工具已经得到了广泛应用,在地学跨学科领域中,探索 SD 建模、地表过程方法及时空特征描述方法相耦合的理论和技术实现是值得深入探讨的重要问题;尤其是通过 SD 建模方法将人文因素引入自然生态系统演变的分析中,实现人文要素与自然要素相耦合,进而全面反映系统结构演变、分析系统要素之间相互作用关系,具有重要意义。从模型发展角度看,集成 SD 建模和 CLUE-S 模型的思路和方法可以在其他类似区域应用;在实际问题分析中,通过不同情景设定,可以发现热点变化区,为政府部门决策和土地利用规划提供合理依据。

由于模型分析区域相对较大,对于城市区域景观格局时空变化的表现力略显不足,但考虑到研究区地处西北内陆河流域,城市规模较小;建模过程中发现,CLUE-S 模型中转换系数对模拟结果影响明显,其取值主要取决于经验知识,在调参阶段要多次实验,尽可能减小人为设定参数对结果的影响;SD 模型预测的土地利用年际变化比较缓和,而 CLUE-S 正适合于表现年际变化平缓的空间过程;在建模数据准备前期,栅格数据分辨率分别为 100 m×100 m、250 m×250 m、500 m×500 m 三种格网尺度,发现 500 m×500 m 格网数据在基于 Windows XP 环境下的 PC 机上运行且运行时间合理(半小时左右),模型运行过程稳定。后续将专门分析数据尺度变化对结果的敏感性问题。

6.5 小　　结

本章以河西走廊张掖市为典型区,对景观格局过程、景观变化驱动力、景观制图、人文因素驱动力空间化和集成建模进行全面、系统的梳理,为认识干旱区土地景观格局变化建模提供了理论支撑和案例参考。综合多因素的景观格局过程建模可以促使利益相关者更好地认识特定时空尺度下开展土地利用规划和政策管理的重要性。就景观格局模拟模型发展而言,要进一步甄别关键的景观变化驱动因子,尤其是针对开始起主导作用的人文要素,如社会资本、文化类型等,尝试将其空间化,并纳入到景观模拟模型的分析框架中,进一步提高该集成模型的模拟精度。同时也为认识生态系统服务与景观格局耦合过程提供了理论与方法,为开发生态系统服务集成建模框架和模型提供了案例参考和建模知识。

参 考 文 献

布仁仓,胡远满,常禹,2005.景观指数之间的相关分析.生态学报,25(10):2764-2775.
何春阳,史培军,陈晋,2005.基于系统动力学模型和元胞自动机模型的土地利用情景模型研究.中国科
　学(D 辑):地球科学,35(5):464-473.
李双成,蔡运龙,2005.地理尺度转换若干问题的初步探讨.地理研究,24(1):11-18.
李金莲,刘晓玫,李恒鹏,2006.SPOT-5 影像纹理特征提取与土地利用信息识别方法.遥感学报,10(6):
　926-931.
梁友嘉,2011.基于系统动力学的黑河中游地区 Penman-Monteith 修正模型估算研究.草业科学,28(1):

18-26.

刘玲,赵牡丹,2009. P5 和 SPOT-5 影像在全国土地调查中的应用. 农业工程学报,25(9):269-273.

刘纪远,邓祥征,2009. LUCC 时空过程研究的方法进展. 科学通报,54(21):3251-3258.

刘燕华,葛全胜,张雪琴,2004. 关于中国全球环境变化人文因素研究发展方向的思考. 地球科学进展,19(6):889-895.

王冬梅,陈性义,潘洁晨,等,2008. 遥感图像融合技术在土地利用分类中的应用研究. 工程地球物理学报,5(1):115-118.

杨小唤,江东,王乃斌,等,2002. 人口数据空间化处理方法. 地理学报,57(z1):70-75.

BLAES X, VANHALLE L, DEFOURNY P, 2005. Efficiency of crop identification based on optical and SAR image time series. Remote sensing of environment, 96:352-365.

CAMPBELL J B, 2002. Introduction to Remote Sensing (3rd ed). New York: The Guilford Press. 22-23.

CHEN K, 2002. An approach to linking remotely sensed data and areal census data. International journal of remote sensing, 23(1):37-48.

CUSHMAN S A, DAVID O, 2000. Rates and patterns of landscape change in the Central Sikhotealin Mountains, Russian Far East. Landscape ecology, 15:64-659.

DOBBINS R N, THUBAULT C, 1985. Timely crop area estimates from Landsat. Photogrammetric engineering and remote sensing, 51:1735-1743.

DOLL C N H, MULLER J P, MORLEY J G, 2006. Mapping regional economic activity from night-time light satellite imagery. Ecological economics, 57:75-92.

ELVIDGE C D, SUTTON P C, GHOSH T, et al., 2009. A global poverty map derived from satellite data. Compute geo-science, 35:1652-1660.

FORRESTER J W, 1968. Principles of systems. Cambridge: Wright-Allen Press.

GOODCHILD M F, LAM N S, 1980. Spatial interpolation methods. American cartographer, 10(1):129-149.

GUYON I, WESTON J, BARNHILL S, et al., 2006. Gene selection for cancer classication using support vector machines. Machine Learning, 46:389-422.

HARRIS R J, LONGLEY P A, 2000. New data and approaches for urban analysis modeling residential densities. Transactions in GIS, 4(3):217-234.

HU W W, WANG G X, DENG W, 2008. Landscape pattern and ecological progress in the course of the relationship between the study. Progress in geography, 27(1):18-24.

KRUSE F A, LEFKOFF A B, BOARDMAN J W, et al., 1993. The spectral image processing system (SIPS): interactive visualization and analysis of imaging spectrometer data. Remote sensing of environment, 44(2-3):145-163.

LIAO Y L, WANG J F, MENG B, et al., 2010. Integration of GP and GA for mapping population distribution. International Journal of geographical information science, 24(1):47-67.

LO C P, 2001. Modeling the Population of China Using DMSP Operational Line scan System Nighttime Data. Photogrammetric engineering & remote sensing, 67(9):1037-1048.

LU L, CHENG G D, LI X, 2001. Researcheaches on landscape changes in the middle of Heihe River Basin. Chinese journal of applied ecology, 12(1):68-74.

MA M G, CAO Y, CHENG G D, 2002. Research on oasis corridor landscape in arid zone-a case study in Jinta Oasis. Chinese journal of applied ecology, 13(12):1624-1628.

MATHUR A, FOODY G M, 2008. Crop classification by support vector machine with intelligently selected training data for an operational application. International journal of remote sensing, 29(8): 2227-2240.

MENNIS J, 2003. Generating surface models of population using dasymetric mapping. Professional geographer, 55(1):31-42.

MURAKAMI T, OGAWA S, ISHITSUKA N, et al., 2001. Crop discrimination with multitemporal SPOT/HRV data in the Saga Plains, Japan. International journal of remote sensing, 22(7):1335-1348.

O'NEILL R V, KRUMMEL J R, GARDNER R H, et al., 1988. Indices of landscape pattern. Landscape ecology, 1:153-162.

PONTIUS R G, SCHNEIDER L C, 2001. Land-cover change model validation by an ROC method for the Ipswich watershed, Massachusetts, USA. Agriculture ecosystems and environment, 85:239-248.

WANG G X, LIU J Q, CHEN L, 2006. land-use pattern changes and the impact of comparison in a typical district of Heihe River Basin. Acta geographic sinica, 61(4):339-348.

SIMONNEAUX V, DUCHEMIN B, HELSON D, et al., 2008. The use of high-resolution image time series for crop classification and evapotranspiration estimate over an irrigated area in central Morocco. International journal of remote sensing, 29(1):95-116.

SMALL C, POZZI F, ELVIDGE C D, 2005. Spatial analysis of global urban extent from DMSP-OLS night lights. Remote sensing of environment, 96(34):277-291.

SUTTON P C, 2003. An empirical environmental sustainability index derived solely from nighttime satellite imagery and ecosystem service valuation. Population and environment, 24(1):293-311.

SUTTON P, ROBERTS D, ELVIDGE C, et al., 2001. An estimate of the global human population using nighttime satellite imagery. International journal of remote sensing, 22(16):3061-3076.

SUTTON P C, COSTANZA R, 2002. Global estimates of market and non-market values derived from nighttime satellite imagery, land cover and ecosystem service valuation. Ecological economics, 41: 509-527.

TURNER II B L, LAMBIN E, REENBERG A, 2007. The emergence of land change science for global environmental change and sustainability. PNAS, 104:20666-20671.

VELDKAMP A, KOK K, DE KONING G H J, et al., 2001. The need for multi-scale approaches in spatial specific land use change modeling. Environmental modeling and assessment, 6:111-121.

VERBURG P H, OVERMARS K P, 2007. Dynamic simulation of land use change trajectories with the CLUE model//Koomen E, eds., Modelling Land-Use Change. Berlin: Springer: 321-335.

VERBURG P H, SOEPBOER W, LIMPIADA R, et al., 2002. Land use change modelling at the regional scale: the CLUE-S model. Environmental management, 30:391-405.

VERBURG P H, OVERMARS K P, 2009. Combining top-down and bottom-up dynamics in land use modeling: exploring the future of abandoned farmlands in Europe with the Dyna-CLUE model. Landscape ecology(24):1167-1181.

第 7 章 生态系统服务综合空间制图

生态系统服务空间制图是生态系统服务与区域环境决策的重要领域。主要介绍基于土地景观变化的生态系统服务制图方法和基于生态系统服务影响矩阵的制图方法,并开展相关的案例分析,最终为干旱区生态系统系统服务与景观格局集成模拟方法体系提供可用的理论和技术支撑。

7.1 基于土地景观的生态系统服务制图

7.1.1 生态系统服务制图概述

生态系统服务是人类-自然环境耦合系统研究的重点,涉及生态学、社会学、经济学和环境科学等诸多学科。同时,生态系统服务与GIS/RS 等技术密切相关,地理信息科学与技术在生态系统服务研究中开始发挥重要作用(Metzger et al.,2008)。2005 年以来,生态系统服务开始更加关注生态系统自身的可持续生产,并注重与政策管理集成分析。伴随生物多样性损失和栖息地破碎化程度的日益加重,生态系统服务供给评价开始呈现快速发展的趋势。在欧美地区,围绕森林生态系统已经出现了一批相对成熟的案例,相关案例既考虑了时空尺度的资源保护,又强调利益相关者的压力响应(Vihervaara et al.,2009;Hickey et al.,2005)。但国内相关案例目前仍十分缺乏(Li et al.,2009)。

目前,生态系统服务中还有一些关键问题仍未达成共识,通过生态系统服务测量和建模评估人类-环境耦合系统特征仍较困难。为此,Naidoo 等(2008)指出,生态系统服务存在几个亟待解决的关键科学问题:①全球生态系统服务评价必须是空间显式的,需要表明特定生态系统服务产生的位置;②必须定量分析土地利用变化和其驱动的生态系统供给服务变化之间的关系；③必须理解生态系统服务的价值流对人群的空间分散或集聚所产生的不同影响；④应选择特定指标和尺度评价生态系统服务变化；⑤应确定不同栖息地和文化类型功能区所具有的生态系统服务类型；⑥需开发通用的生态系统服务集成框架，并和特定决策制定过程集成。这表明生态系统服务空间分布是难点和重点。

此外，使用不同类型的生态系统服务描述人类-自然环境耦合关系时，要特别强调生态系统功能和过程变化，如支持服务类型（土壤形成、植被光合作用、系统能量循环和水循环等）。支持服务是其他类型生态系统服务存在和形成功能的先决条件。从自然系统供给角度看，支持服务为供给、调节和文化生态系统产品和服务提供了必要物质保障；从社会消费角度看，也是获取人类福祉的必要先决条件。同时，还需要辨析不同服务类型中结构性成分的相互作用。结构性成分主要包括能量、物质循环、水循环、关键种的多样性和可持续生境条件等（Müller et al.，2007）。空间异质性的系统结构性成分是生态系统完整性和生态系统健康的重要表征要素，用于反映不同类型的生态系统服务供给的可持续性（Burkhard et al.，2009），这为生态系统服务空间化制图提供了可能。

7.1.2 基于土地景观的生态系统服务制图方法与应用

以河西走廊张掖绿洲的甘州区为典型区，分别获取 2000 年和 2009 年土地利用图，地图投影坐标选为通用横轴墨卡托（UTM），椭球体为 WGS1984。辅助数据包括灌区边界图、土地利用总体规划（2006～2020 年）文本，多种会议和访谈资料。

1. 生态系统服务类型和指标

在 MEA 分类基础上，结合调查、专家知识和利益相关者等的信息汇总，初步确定内陆河流域绿洲区几种主要的生态系统服务类型及对应的潜在测量指标（表 7.1）。生态系统服务指标化构建有利于加深认识生态系统提供的产品和服务，而甄别可空间化的指标是当前生态系统服务空间制图工作的基本问题之一。

表 7.1 生态系统服务类型和潜在指标

支持服务	潜在指标
光合作用	NPP 或 NEP
氮循环	N、P 或其他元素的更新速率
土壤形成	土壤中有机质积累量

调节服务	潜在指标
局部和区域气候调节	气温变化幅度
碳吸收	生物量增加
授粉	授粉成功率
防洪	造成破坏的洪水次数
养分吸收	N、P、K 或其他营养元素
防止土壤侵蚀	风蚀/水蚀造成的土壤斑块损失或植被覆盖度变化

不同土地利用类型具有特定的生态系统服务能力,可以借助生态系统服务能力指数(I_{AESC})表征。该指数最初用于高覆盖度林区,空间尺度较小(Petteri et al.,2010)。本书尝试将其应用到更大的空间尺度上,并分别在灌区和绿洲两种尺度上计算生态系统服务能力指数。通过该值既能实现区域间的对比,也为尺度推绎提供一种可能性。

$$I_{AESC} = \sum \frac{X_i A_i}{A_{total}} \tag{7.1}$$

式中:X_i 为栖息地值(每个栖息地 ES 生产能力的平均值);A_i 为区域内对应 LUCC 类型的面积;A_{total} 为关注的区域总面积,该指数是一种集总式结果。

空间化方法是:通过 GIS 空间分析模块得到各灌区不同土地利用类型对应的 I_{AESC};再分别取 3 个值,反映不同服务能力大小:0 表示低,1 表示中等,2 表示高;最后对 I_{AESC} 按上述量化值分类,采用等间隔分类法,获得生态系统服务供给能力的矢量分布图。分别得到集总式和空间分布图两种结果。

2. 土地利用类型划分

根据《全国土地分类(试行)》(2002 年标准),对土地利用类型编码并细分为 13 类(图 7.1):农田(F)、沙地(D)、河渠(C)、戈壁(G)、盐碱地(S)、裸地(B)、灌木林地(SH)、有林地(W)、城镇建设用地(A)、水库坑塘(R)、裸岩石砾地(ST)、中覆盖度草地(MG)和高覆盖度草地(HG)。农田、河渠、水库坑塘和城镇建设用地受人类活动影响的强度明显高于其他类型,对 ES 影响较大。

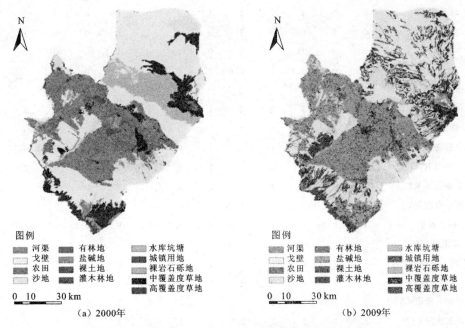

图 7.1　甘州区 2000 年和 2009 年土地利用/覆盖类型分布

土地利用类型的影响可用下述方法表征:首先,利用五因子打分法($-2,-1,0,1,2$)评价各类 LUCC 对 ES 的影响,-2 代表强烈的负向作用,对特定 ES 过程起减缓或阻止作用;2 代表强烈的正向作用,对 ES 过程起促进和增强作用。

3. 基于土地景观的生态系统服务制图

首先,确定不同土地利用类型可提供的若干生态系统服务(表 7.2),然后利用五因子打分法计算各土地利用类型提供特定生态系统服务的栖息地值,仅考虑生态系统服务显著或人类关注度高的类型:供给服务(P),包括提供鱼类(P1)、瓜果(P2)、饲料(P3)、药材(P4)、木材(P5)、应用水(P6)、农作物(P7)和能源(P8);调节服务(R),包括提供气候调节(R1)、碳吸收(R2)、授粉(R3)、防洪(R4)、土壤侵蚀(R5)和养分吸收(R6);文化服务(C),主要提供当地文化类型(C1)、美学景观(C2)、自然固有价值(C3)和娱乐休闲(C4);支持服务(S),提供光合作用(S1)、氮循环(S2)和土壤形成(S3)。并以灌区为统计单元,计算 2000 年、2009 年不同土地利用类型面积,并得到 A_i/A_{total}。

表 7.2 基于不同生态系统服务类型的栖息地值

ES 类型	A	F	SH	W	MG	HG	G	D	ST	B	S	C	R
供给服务 P													
鱼类 P1	0	0	0	0	0	0	0	0	0	0	0	2	2
瓜果 P2	0	1	2	2	1	1	0	1	0	0	0	1	0
饲料 P3	0	2	1	1	1	2	0	0	0	0	1	0	0
药材 P4	0	0	1	0	0	0	0	0	0	0	0	0	0
木材 P5	0	0	2	2	0	0	0	0	0	0	0	0	0
饮用水 P6	0	0	1	1	1	1	0	0	0	0	0	2	2
农作物 P7	0	2	0	0	1	0	0	0	0	0	0	0	0
能源 P8	0	0	1	1	0	0	0	0	0	0	0	2	1
栖息地值	0	0.6	1.1	1	0.6	0.5	0.1	0.2	0	0	0.1	1	0.6
调节服务 R													
气候调节 R1	0	0	2	2	2	1	1	1	1	1	1	2	2
碳吸收 R2	0	1	2	2	2	1	0	0	0	0	0	0	1
授粉 R3	1	2	1	2	1	2	1	0	0	0	0	0	0
防洪 R4	2	1	1	1	1	1	0	1	1	0	0	2	2
土壤侵蚀 R5	1	0	2	2	2	2	0	0	0	0	0	0	0
养分吸收 R6													
栖息地值	1	0.8	1.5	1.5	1.7	1.2	0.2	0.3	0.3	0.2	0.2	0.7	1.2
文化服务 C													
当地文化类型 C1	1	2	2	2	2	1	0	0	0	0	1	2	2
美学景观 C2	1	1	2	2	2	1	1	1	1	0	0	2	2
自然固有价值 C3	0	2	2	2	2	2	2	2	2	2	2	2	2
娱乐休闲 C4	1	1	2	2	2	2	2	2	2	2	1	2	2
栖息地值	0.8	1.3	2	2	2	1.5	1.3	1.5	1.3	1	1	2	2
支持服务 S													
光合作用 S1	0	2	2	2	2	2	0	0	0	0	0	0	1

续表

ES 类型	A	F	SH	W	MG	HG	G	D	ST	B	S	C	R
氮循环 S2	0	2	2	2	2	2	0	1	1	1	1	1	1
土壤形成 S3	0	2	2	2	2	2	1	1	1	1	1	0	0
栖息地值	0	2	2	2	2	2	0.3	0.7	0.7	0.7	0.7	0.3	0.7

由表7.2知,供给服务中灌木林地栖息地值最高,为1.1,林地为1,其他都低于1;调节服务中,中覆盖度草地栖息地值最高,为1.7,同时,除河渠外,各土地利用类型的调节服务栖息地值均高于相应的供给服务值;文化服务中,除城镇用地栖息地值为0.8外,其他值均高于1,整体明显高于相应的前两种服务;支持服务中,城镇用地栖息地为0,各类草地和林地值最大,均为2,其余类型的栖息地值较为集中,未表现出明显的差异。

通过面积计算发现:灌区尺度的农田面积普遍增加,大满灌区增幅最大,由2000年的14.24%增加到2009年的32.89%,但戈壁和裸岩砾石地增加也较明显;除大满灌区外,灌木林地和高覆盖度草地普遍明显减少;河渠面积普遍增加,其中,人口相对密集的盈科灌区由2000年的67.52%增加到2009年的71.60%;在甘州区尺度上,城镇建设用地和农业用地扩张最为明显,分别增加了5.93%和10.11%,中覆盖度草地减少了23.72%,减幅最大。基础数据变化直观地反映了区内人类活动剧烈、生态环境不断退化的事实,开展生态系统服务变化评估已刻不容缓。利用式(7.1),以表7.2和土地利用面积为输入,得到灌区和甘州区两种尺度生态系统服务能力指数(表7.3)。同时,利用ArcGIS得到2000~2009年ES供给能力空间分布(图7.2)。

表7.3 基于灌区和绿洲尺度的生态系统服务能力指数比较

2000年	供给服务	调节服务	文化服务	支持服务
上三灌区	0.40	0.60	1.33	1.32
大满灌区	0.49	1.35	1.80	1.70
安阳灌区	0.37	0.99	1.63	1.26
西浚灌区	0.43	0.82	1.39	1.45
盈科灌区	0.39	0.83	1.45	1.33
花寨灌区	0.28	0.66	1.49	0.89
甘州区	0.43	1.03	1.59	1.47
2009年	供给服务	调节服务	文化服务	支持服务
上三灌区	0.42	0.71	1.29	1.37
大满灌区	0.43	0.98	1.54	1.45
安阳灌区	0.34	0.91	1.57	1.13
西浚灌区	0.36	0.72	1.30	1.16
盈科灌区	0.34	0.71	1.28	1.18
花寨灌区	0.26	0.50	1.37	0.83
甘州区	0.38	0.82	1.41	1.27

由表 7.3 知：供给服务中，2000 年大满灌区 I_{AESC} 最高，为 0.49，花寨为最低 0.28，至 2009 年，除上三灌区增加到 0.42 外，其余灌区均呈减小趋势，花寨仍最小，为 0.26；调节服务中，2000 年大满灌区 I_{AESC} 为 1.35，最高，上三灌区最低，为 0.6，至 2009 年，除上三灌区增加到 0.71 外，其余灌区调节服务值均减小，花寨变为最低值 0.5；文化服务中，2000 年各灌区差异不大，至 2009 年，文化服务值有不同程度减小；支持服务变化与供给服务类似，但相应的服务值要高于同期供给服务值；横向比较发现，不同灌区各服务的 I_{AESC} 有如下规律：文化服务＞支持服务＞调节服务＞供给服务。绿洲尺度看，2000～2009 年各种服务也呈减小趋势；各类服务值接近灌区平均值；横向比较发现，各服务 I_{AESC} 值变化规律与灌区尺度相同；图 7.2 中各生态系统服务类型的空间分布也支持上述分析结果。

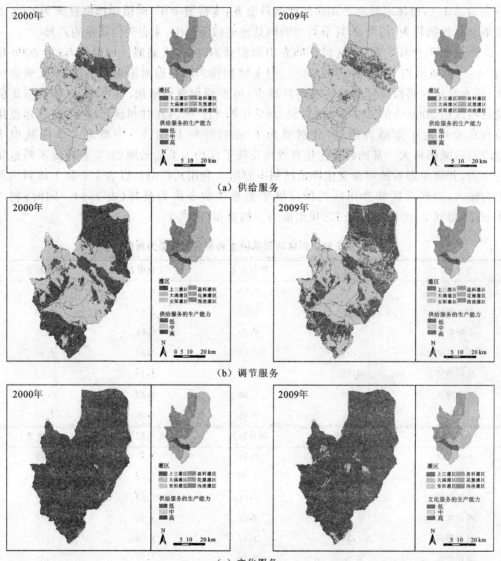

图 7.2 甘州区 2000～2009 年的生态系统服务空间分布

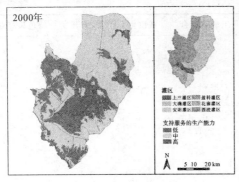 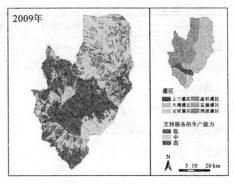

(d) 支持服务

图 7.2 甘州区 2000~2009 年的生态系统服务空间分布(续)

4. 不同土地利用方式对生态系统服务供给的影响

进一步分析典型土地利用方式变化对生态系统服务供给的影响,同样采用五因子打分法,并考虑负向作用。根据《张掖市土地利用总体规划(2006~2020 年)》,最终确定 7 类关键的土地利用方式:①自然保护,保证生态用地;②路网建设;③农田建设,在原有农田基础上对区内蔬菜基地、特色农产品基地、农业产业化基地、农业人口集中区周边农田优先保护;④工矿地整合,将零散能源、化工、冶金和农副产品加工等产业迁往张掖市工业园区;⑤城镇发展,保证城市化快速发展;⑥湿地开发:围绕张掖市国家湿地公园规划展开;⑦特色果产业(表 7.4)。

表 7.4 不同土地利用方式对生态系统服务的影响

服务类型	自然保护	路网建设	农田建设	工矿地整合	城镇化	湿地开发	特色果产业
供给服务							
鱼类	2	0	0	−2	−2	2	0
瓜果	2	−1	2	−2	−2	0	2
饲料	1	0	2	−1	−2	0	1
药材	1	−1	−1	−2	−2	2	0
木材	1	2	0	−1	−1	1	−1
饮用水	2	−1	1	−2	0	1	−1
农作物	2	−1	2	−1	−1	0	1
能源	0	0	1	2	−2	0	0
平均影响	+1.3	−0.3	+0.5	−1.1	−1.5	+0.9	+0.1
调节服务							
气候调节	1	−1	0	−2	−2	2	0
碳吸收	1	−1	−1	−2	−2	2	0

续表

服务类型	自然保护	路网建设	农田建设	工矿地整合	城镇化	湿地开发	特色果产业
授粉	1	−2	2	−1	−2	1	1
防洪	2	−1	0	−1	−1	2	0
土壤侵蚀	2	−2	1	−1	−1	2	0
养分吸收	2	0	1	−1	−1	2	1
平均影响	+1.5	−1.2	+0.3	−1.2	−1.5	+1.7	+0.5
文化服务							
文化类型	2	0	−2	−1	−2	1	−1
美学景观	2	−1	1	−2	−1	2	0
自然内在价值	1	−2	0	−2	−2	2	0
娱乐休闲	1	−2	1	−2	−1	2	−1
平均影响	+1.5	−1.3	0	−1.8	−1	+1.8	−0.5
支持服务							
光合作用	0	−1	1	0	−2	2	0
氮循环	0	−1	−2	−1	−2	2	−1
土壤形成	2	−1	−1	−1	−1	1	−1
平均影响	+0.7	−1	−0.7	−0.7	−1.7	+1.7	−0.7

由表7.4可知,自然保护和湿地开发对各类ES供给都有促进作用,前者对各类服务的平均影响均大于0.7,后者均大于0.9,且湿地开发对调节服务、文化服务和支持服务有明显的促进作用,平均影响均大于+1.7;相较其他土地利用方式而言,短期不可逆的土地利用方式(如路网建设、工矿地合和城镇建设)对ES供给的影响具有更强的负向作用,在对供给、调节和支持这三类服务的影响中,城镇建设的负向作用最明显,分别为−1.5、−1.5和−1.7,说明在绿洲农业区要追求适度规模的城镇建设,以防城镇快速扩展所导致的供给、调节和支持服务的锐减。路网建设有双面作用,一方面,路网使人类活动延伸到较远区域,利于获取已知的生态系统服务,如木材开发等。同时,路网会导致自然栖息地破碎化程度加剧,也会使一些违规建设活动有大幅增加的潜在风险,路网建设还会产生噪音,降低一些天然保护区的文化价值。另外,各土地利用方式之间还存在相互作用,如工矿地整合和农田建设会不同程度的排斥自然保护和休闲观光等。相反,自然保护一般对其他土地利用方式有支持作用。这种复杂的作用关系可通过网络流量图进行解耦分析,将有助于生态系统服务与土地景观格局的集成。

5. 生态系统服务制图的不确定性

综合分析2000~2009年主要生态系统服务类型的空间分布发现:首先,2000年供给服务生产能力普遍处于中等水平,至2009年,低值区增多,多出现在零散的居民点处,在城市区域一直较低;第二,调节服务低值区较多,该特征在2009年进一步显现,在高覆盖度草地和林区快速退化区域尤为明显;戈壁和裸岩砾石地的调节服务一直较低,到2009

年,城市区域的调节服务有所增加,但其对调节服务的负作用似乎小于其对供给服务的负作用;第三,文化服务高值出现在远离城镇居民点区域,主要是荒漠区域、湿地自然保护区和丹霞地貌保护区,同时也包括水域;至 2009 年,林区和城市区域文化服务生产能力减少明显;第四,2000~2009 年,支持服务中值区明显减少,高值区增加,但分布零散,支持服务涉及较多的生物物理化学过程,不完备的评估会导致不确定性。

张掖市正在打造国家级湿地公园,湿地为人类提供纤维、木材、多种生物所需食物,可为人类提供休闲观光场所,增加碳储存、保持局部地区微气候环境、防止水土侵蚀等。在政府决策过程中,应重视分析生态系统文化服务,这将有助于提高政府决策的科学性,在湿地公园建设中也是如此。由图 7.2 知,荒漠区域文化服务值也较高,因为其可以接受研究区内外各种支持和调节作用,并具有独特的景观开发价值,而生态系统服务空间变化路径对特定研究区的服务类型具有重要作用,但识别这种空间变化路径仍是当前生态系统服务制图的难点。

生态系统服务和人类福祉的关系是当前交叉学科热点,成果可用于减缓和避免土地利用过程中的诸多冲突。同时,由人类活动驱动的、强制性的、短期不可逆的土地利用方式可能会导致土地利用格局发生剧烈变化。从长期看,即使供给或其他类型的生态系统服务的生产能力有微小下降,也可能会导致严重的不可持续性发展。本书虽主要关注方法构建,但结果可为决策与各土地利用方式间的正向互动提供参考。

上述方法可体现出不同土地利用类型提供生态系统服务的区域特征,但可能忽视了小区域的作用,如面积值越小,I_{AESC} 就越小。事实上,很多小区域也对某些特殊生态系统服务类型有重要作用,如水库坑塘对审美、鱼类生产和蓄水调节有重要作用;实质上这是空间尺度上推的不确定性,因为原研究区面积较小,地类相对简单且分布均匀,计算时面积比例的作用不明显,但在地类丰富,面积变异较大的区域就应当注意这种不确定性对分析结果的影响;同时,土地利用数据精度和生态系统服务类型的细化也会提高特定服务的生产能力,今后可开展基于不同数据源的对比;最后,基于访谈和调查的专家知识带有主观偏好,如何获取真实、客观的专家知识也是难点,需要引入社会调查知识和方法,也说明自然-人文学科的交叉有利于减少不确定性。

对支持服务的分析可以适度简化并做均一化处理,因为其满足所有人一般需求,具有相似性和可比性;供给和文化服务分析强烈依赖于区域群体的文化类型,不同文化类型人群对供给和文化服务认识有差别,需要评估相关差别,以降低分析的不确定性。

5. 小结

基于 LUCC 开展生态系统服务空间化建模,结果表明:①在灌区和绿洲尺度上,4 类 ES 生产能力值均表现为文化服务＞支持服务＞调节服务＞供给服务;②2000~2009 年,4 类 ES 供给都呈递减趋势,同时,城镇用地、路网建设等人类活动驱动的土地利用方式迅速增强,整个绿洲农业区明显过度开发;③缺乏精确的数据并不是限制 ES 评价的绝对因素,对涉及社会学、地学和生态学等学科的多源数据和知识的分析是难点。

该方法可用于类似区域,也可在数据精度支持时开展更复杂的时空变化分析;构建统一的集成生态系统服务框架是当前亟待开展的工作,该工作将有助于加强学者、利益相关者和决策者间的互动,有助于认识生态系统特征和其对人类福祉的重要性。

7.2 基于完整性指标的生态系统服务制图

7.2.1 生态系统完整性指标概述

近年来,围绕生态系统服务空间制图方法和理论基础等问题已经开展了很多讨论和案例分析。从生态系统的完整性角度看,生态系统服务真的可以用于提高环境管理的整体水平吗？如前所述的多种生态系统服务类型与其对应的基本生态变量、生物多样性和生态系统功能之间如何产生相互作用？不同服务类型之间的相互作用关系又是什么？在实际管理中,常常将生态系统服务作为环境管理工具使用,因此,如何在人类环境系统分析中引入生态系统服务是科研人员和决策者关注的首要问题。科学回答上述问题将为生态系统服务制图提供更加合理的理论基础,也可为基于生态系统服务制图的生态系统管理实践提供更合理的理论支撑。

首先,对术语特征进行简单概括。指标一般是指预期中打算达到的数量/质量、规格/标准等,指标用于反映确定性对象发生变化的能力。在生态系统研究中,指标常用于描述生态系统要素的数量、质量、状态或要素之间相互作用的描述。Heink 等(2010)认为,生态学和环境规划学中的指标是一种专门用于环境相关现象分析的要素或测量工具,主要功能是用于描述/评估特定的生态环境条件或设置环境目标。因此,指标的选取与调查目标、生态系统建模和管理目标等密切相关。当涉及复杂的生态系统变化评估时,单一指标往往很难满足需求(如 I_{AESC}),需要通过构建指标集进行复杂评估。指标集一般具有两个明显特征:科学性和可应用性(van Oudenhoven et al.,2012)。通过发展生态系统服务指标集可用于更好的理解复杂的生态系统结构和功能变化,为生态系统服务空间制图提供理论和方法基础,进而减少人类-环境系统的复杂性。

其次,要充分认识生态系统整体性指标在生态系统服务中的作用。Burkhard 等(2008)通过 DPSIR 模型(驱动力 D-压力 P-状态 S-影响 I-响应 R)进行概括:确定性社会、人口、生产和消费模式等是生态系统变化的驱动力;不同的驱动力要素进一步转化为具体的压力要素组合(如不同的碳排放模式、人口增长模式、资源利用效率与土地利用变化等);压力要素的变化影响系统输入,导致生态系统状态(主要指生态系统物理、生物和化学条件的数量/质量)发生变化,影响生态系统结构和过程(表征为单独的生态系统服务属性)改变,并改变生态系统功能(生态系统完整性,是生态系统服务供给的基础);从人类需求的角度观察,即生态系统提供的产品和服务发生变化,根据对生态系统服务变化的认识,决策者可以通过政府和市场行为做出响应,以降低生态系统变化对人类的负面作用。从基于 DPSIR 的描述可以发现,生态系统服务是生态系统适应性管理环中关键环节。

由此可见,生态系统服务体现了生态系统结构和功能的变化,直接影响人类福祉,但生态系统服务是否能真正体现出生态系统中各要素相互作用的内生复杂性？目前还存在很大争议,Marques等(2009)认为上述问题可以具体分解为4个方面。

(1) 尽管生态系统服务已经集成了生态-社会-经济等要素,但尚缺乏能反映整体因果效应链的研究范式。

(2) 跨学科研究已经成为共识,但不同系统要素之间的连接关系仍需要进一步明晰。

(3) 在适宜性环境管理中,应揭示具体生态系统服务的产生过程,以提高土地利用效率。

(4) 生态系统服务建模和应用过程中存在大量的复杂性问题,要进行不确定性评价。

因此,通过综述最新的生态系统服务分类和指标集构建,分析一般意义的生态系统属性、多样性、生态系统整体性和人类福祉之间的关系,有助于回答上述关键科学问题。

7.2.2 基于完整性指标评价的矩阵制图方法与应用

1. 生态系统完整性指标集

本书的生态系统服务框架和案例都是先从生态系统的生物物理结构和过程分析,不同生态系统属性可视为单独学科领域,以生态系统功能(风资源调节功能、水源涵养功能和固碳功能等)进行概括。目前,对功能概念仍存在争议,如 Haines-Young 等(2010)认为功能是生态系统能潜在的、满足人类某些需求能力的指标;De Groot 等(2010)等认为功能是生态系统产生服务的潜在能力。形成的基本共识是:多种生态系统功能是维持系统自组织能力和提供生态系统服务的前提条件,不同的生体系统功能特征强烈地依赖于基本的生态系统结构和过程。这种生态系统功能特征的集合可以称之为"生态系统完整性"(Müller et al.,2010)。生态系统完整性的概念与 MEA 提出的"支持生态系统服务"相似,描述了生态系统功能的基本特征,也是生态系统服务评估与制图的基础。

Leopold(1944)首先提出了生态系统完整性概念:"持续的生物有机体相互作用所需要的基本需求和特征"。其他工作(Crabbé et al.,2000;Woodley et al.,1993;Karr,1981)进一步发展了该概念。目前,"完整性"通常基于生态系统自组织性等基本概念构建(Jørgensen et al.,2007;Müller,2005)。生态系统演化理论最初源于非平衡态热力学等系统科学,强调非扰动的生态系统可以表现出稳定的、缓慢演化的特征,呈现出逐渐向某个吸引子状态发展的趋势,但受特定区域的外生条件限制(Jørgensen et al.,2007)。相关的基础热力学定律至今仍在很多生态系统特征分析中得到应用。Müller(2005)认为具体可将生态系统指标分为:①结构指标:描述生态系统过程、系统要素及其空间分布等特征,可以将其转换为空间制图指标。从生态系统服务角度看,各种生态系统属性都为服务供给提供了基础条件,是产生生态系统服务功能的限制性因子。②功能指标,主要用于体现生态系统整体功能和其对生态系统服务供给的影响。生态系统能量、水和物质交换过程日趋复杂,系统规模不断增加,导致整体能量和物质输入也在快速增加。由此呈现出高度相关的3种关键过程:①能量平衡,如"火用"捕获(Jørgensen et al.,2007)。由于生物生产者数量快速增加,系统对物质变化过程和呼吸作用所需能量快速增加(产生熵）。②水量平衡，陆地生态系统多种要素均涉及水循环过程。如植被动态过程，通过植被运移水分，通过蒸腾作用调节水量。③物质平衡，系统输入的营养物可以促使生态系统不断改变代谢速率。其中，生物营养物比例变化与非生物环境的碳和营养物存储有密切关系(Jørgensen et al.,2007)，如随着系统循环速率提高，系统效率和功能不断提高，营养物总量损失显著降低。上述过程进一步强烈影响生态系统的调节服务和供给服务。

在此基础上，Müller(2005)构建了生态系统完整性指标体系，用于反映特定生态系统或景观的陆地生态环境状态(表7.5)。通过指标细化，可用于描述生态系统服务供给。

表7.5 生态系统完整性指标体系

生态系统完整性	定义	可能的指标
"火用"捕获	"火用"指系统由一种任意可逆的状态到给定的环境系统平衡状态时，理论上可无限转换为任何其他形式的那部分能量。表征生态系统输入的可用能，捕获的可用能用于形成生物量和系统结构	净初级生产力 NPP (t C/ha/a,kJ/ha/a) 叶面积指数 LAI
熵生产	排放到系统之外的环境中且无法被利用的能量	呼吸作用每年产生的碳 (tC/ha/a)
存储能力	生态系统存储生物体所需多种营养物、能量和水的能力	土壤碳氮含量(kg/ha/a) 生物量中碳氮含量(kg/t/a)
减缓营养损失能力	生态系统减缓不可逆的元素流出的能力	营养物富集，如，N/P (kg/ha/a,mg/l)
水循环能力	植被水循环过程持续的能力	蒸腾/蒸散发总量(%)
系统新陈代谢效率	维持特定生物量所需的系统能量胁迫指标	呼吸作用消耗/总生物量
异质性	生态系统为不同物种提供可持续生境和支持过程的能力	多种异质性指数，如单位面积种群数(n/ha)
生物多样性	生物或生物栖息地类型的数量	指示物种密度(n/ha)

2. 生态系统服务指标集

生态系统服务流量时空动态分布一直是空间制图瓶颈(Haines-Young et al.,2012)。MA(2005)基于全球尺度评估的 21 个指标分析表明，数据限制是该类工作的难点。第 1 章也提到，生态系统服务分类较多，相关分类迄今仍未形成统一概念框架，这影响了制图标准化技术的开发。MA(2005)分类标准应用广泛，将生态系统服务分为供给服务、调节服务、文化服务和支持服务，已得到学术界广泛认可(de Groot et al.,2010；Burkhard et al.,2009；Müller et al.,2007；MEA,2005；Costanza et al.,1997)。在此基础上，给出相应的生态系统服务潜在空间化指标。

1) 调节服务指标

指人类从自然过程中获得的各种利益，如水质净化和侵蚀控制。其特点是有形资产较少,人类很难直接从生态系统获得,调节服务与生态系统完整性密切相关(表 7.6)。调节服务指标化的难点是定量计算过程中的重复性计算问题。如评估特定服务类型时,可能重复计算实际服务(如昆虫授粉)价值和产品(如花、水果和作物)价值。还有一些服务类型仍存在争议,如有案例将授粉归为支持服务(Daily et al.,2009)。

表 7.6　生态系统调节服务指标集

类型	描述	可用的指标
全球气候调节	温室气体的长期储存	源汇机制的指标、二氧化碳和水汽蒸发(tC/ha/a)
局地气候调节	气候要素的综合变化	温度(℃)、反射率(%)、降水(mm)、蒸散发(mm)
空气质量调节	尘埃、污染物或气体过滤和沉降	LAI、空气污染水平、大气环境承载力等
水体调节	水循环维持,如水存储和灌溉等	地下水补给率(mm/ha/a)
水质净化	对沉积物等的水质净化能力	沉积率(g/L)、总溶解率(mg/L)
侵蚀调节	土壤保持和减缓土壤侵蚀的能力	植被覆盖度、USLE 方程的因子
营养物调节	调节系统营养物(如 N/P)能力	N/P(mg/L)、营养物渗漏(kg/ha/a)、总溶解率(mg/L)
自然灾害防护	缓解地震、洪灾、火灾等的能力	防灾次数(n/a)、灾害频率等
病虫害防治	生态系统控制病虫害的能力	生物疾病和虫害控制数量
废物调节	过滤和分解水体/土壤有机物的能力	生物分解者的数量和类型、分解率(kg/ha/a)
授粉	自然生态系统中各种授粉过程	种群数量和授粉者数量(n/ha)

2) 供给服务指标

包括所有源于生态系统的有形产品、人类可利用营养物、经济过程和能源消耗产品等。可进一步分解成食物、物质和能量等类型(Haines-Young et al.,2012),该类指标定量相对容易,可直接从相应年鉴及其他公开资料获取(表 7.7)。

表 7.7　生态系统供给服务指标集

供给服务	描述	潜在指标
作物产品	农田中耕种和收割的作物产品	作物产量(t/ha/a,kJ/ha/a)、NPP (tC/ha/a,kJ/ha·a)、产值(¥/ha/a)
生物能源	将无机物转化为可再生能源	生物质(t/ ha/a,kJ/ ha/a)、NPP (tC/ha/a,kJ/ha·a)、产值(¥/ha/a)
饲料	用于家畜饲养的饲料	饲料(t/ha/a,kJ/ha/a,ha)、NPP (tC/ha/a,kJ/ha·a)、产值(¥/ha/a)
家畜	家畜喂养和产品供给	家畜数(n/ha/a)、某类/总家畜产品(t/ha/a,kJ/ha/a)、产值(¥/ha/a)
纤维	自然纤维加工(如造纸、衣服)	纤维的收获量(t/ha/a,kJ/ha/a)、产值(¥/ha/a)
木材	建筑等相关的木料使用	木材收获量(m³/a)、NPP (tC/ha/a,kJ/ha/a)、产值(¥/ha/a)
薪材	用于能源转换或燃料的木材	薪材收获量(m³/ha/a)、NPP (tC/ha/a,kJ/ha/a)、产值(¥/ha/a)
淡水	饮用、家畜、工业和灌溉等用水	淡水使用量(L/ha/a,m³/ha/a)
海洋产品	生产海洋类产品的能力	海产品收获量(t/ha/a,kJ/ha/a)、产值(¥/ha/a)
淡水产品	源于陆地淡水系统的水产品	水产品收获量(t/ha/a,kJ/ha/a)、产值(¥/ha/a)

续表

供给服务	描述	潜在指标
矿产资源	矿产资源挖掘情况(如煤炭)	矿产类产品的挖掘量(t/ha/a)
可更新能源	如风能、水能等	可转换或生产的电能(kWh/ha)
油气能源	如石油、天燃气等	开采量(t/ha/a)、产值(元/ha/a)
日化用品和药材	生物化学类日用品、药用和化妆品原材料	各类产品的数量(kg/ha/a,n/ha/a)、NPP(tC/ha/a,kJ/ha/a)、产值(元/ha/a)
野生食材和装饰品等	野生动植物食用和观赏鱼类、装饰物等获取	产品收获量(t/ha/a,kJ/ha/a)、植物收获量(tC/ha/a,kJ/ha/a)、产值(元/ha/a)

因此,供给服务指标基本满足独立性,数据积累较丰富。此外,矿产和油气资源能否作为生态系统服务指标仍存在争议,在特定时空尺度内可将其视为可更新资源。矿产和油气资源源于最初的生物要素和生态系统过程,随后通过生物化学分解过程和非生物要素(如温度和压力)的综合影响才得以最终形成。如果将生态系统服务看成是生命过程的结果时,要排除矿产和油气资源指标(Burkhard et al.,2011)。

3) 文化服务指标

用于表征人类从生态系统获得的多种无形利益,主要包括非物质层面的精神、宗教和教育等生态系统服务功能。文化服务类型通常难以测量和估值,只有少数的文化服务指标可以通过定量的数据收集、问卷调查和模型评估等方法获取。目前的定量分析主要与娱乐和旅游相关(表 7.8),UNEP-WCMC(2011)发布的指标集较好地概括了已有的文化服务类型,但仍存在很大争议,如重复计算的问题。例如,很难对游客审美价值进行准确调查和测量。因此,不确定性分析成为目前文化服务指标构建的难点。

表 7.8 文化生态系统服务指标集

文化服务	描述	潜在指标
休闲与旅游	与环境或景观有关的旅游和活动等(如户外休闲和体验)	宾馆、景点等参观人数或设备数(n/ha,n/a)、问卷、旅游收入(元/ha/a)
审美和舒适度	影响人类需求的景观/环境质量和美感	调查指标、美感估计、景观数、支付意愿评估指标
教育功能	基于生态系统/景观的环境教育等	用于环境教育的设备数、使用人数和次数
宗教和精神体验	从环境或景观得到的精神或感情价值	相关设施数量或参观者人数
文化遗产及多样性	保持重要景观和土地利用的价值	偏好调查指标、维持文化遗产所需的工作人数
自然遗产及多样性	除经济或人文价值外的自然存在价值	物种或栖息地数量

4) 人类福祉指标集

MA(2005)认为,生态系统产品和服务在支撑人类福祉和人类活动,人类福祉是"良好生活所需的基本物质、选择的自由、健康、良好的社会关系和安全"。福祉与贫困相对，贫困是指"对福祉显著的剥夺"，福祉反映了特定时空尺度下的地理、文化和生态状况(MEA，2005)。大量案例表明，过去数十年来，全球多种生态系统普遍出现退化，这对人类福祉产生了明显的负作用(贫困加剧、资源危机等)。

OECD(2013)评估报告表明，学术界对人类福祉定义仍存在巨大争议，因为它包含多个复杂作用关系，多数关系难以准确定义。OECD(2013)通过总结已有的人类福祉成果，提出人类福祉测量框架，并将健康和生活质量两个维度纳入人类福祉体系。生活质量由健康状况、工作平衡、教育和技术、社会关系、公民制度、环境质量、个人安全和主观福祉等构成的。收入和财富、工作和报酬以及家庭条件都是物质生活条件和福祉满足的一部分。常用的福祉测量指标为GDP，用于反映一个国家特定时期内生产所有最终产品和服务的市场价值。GDP增长受社会和环境扰动影响，需要考虑不同水平的人类福祉需求(如个人、群体或区域)，亟须开展跨尺度评价工作。福祉指标集(表7.9)可通过年鉴或问卷调查等方式获取数据，并已出现多种案例应用(Busch et al.，2012；Burkhard et al.，2008)。

表7.9 人类福祉指标集

经济福祉	描述	潜在指标
经济收入	为满足基本需求和物质生活而获取的个体收入	家庭/年均收入(￥/a)、人均GDP(￥/人/a)
就业	工作效益、稳定性和安全性	经济部门就/失业率(%)、地区就/失业率(%)
住房	居住选择的效益、数量和质量	住房/租房需求、单位用地居住面积、年新增土地利用、城市人口聚居面积
基础设施	资源供给、交通和电力等的效益、质量和数量	道路、电力等网络长度(km)、公共设施数量
安全	应对自然/人为灾害的环境、社会和经济安全度	安全保障支出(￥/人/a)、突发事件/灾害数量
社会福祉	描述	潜在指标
营养状况	食物和营养状况	超重人数、营养不良人数、食物价格指数
人口	人口的动态变化	人口迁移率、人口结构、出生和死亡率
健康	健康设施和人群整体健康状况	平均寿命、医院便捷度及床位数量、医保投入
教育	教育和接受培训状况	各类学校数量、接受各种教育的人数、文盲率
休闲	文化活动和个人休闲的次数和质量	活动场地和设施、文化培训和课程数量
社会关系	社会网络的稳定性、社会自组织程度	NGO数量、公共活动的志愿者人数
个人福祉	描述	潜在指标
个人福祉	生活质量的客观现状，是多指标的集合	个人幸福度和满意度调查

3. 生态系统服务评价矩阵

通过构建生态系统整体性和服务指标集,可促进指标之间的因果关系解释,最终为决策制定者提供科学的制图结果,同时提高生态系统服务研究水平。通过矩阵分析方法可以有效反映不同生态系统服务的因果联系,相关工作迅速兴起。矩阵评价的主要生态系统服务反馈关系包括:①生态系统生物物理属性(结构、过程)和功能的联系;②不同功能类型因果联系,生态系统功能通过生态系统完整性指标反映;③生态系统功能与调节、供给和文化生态系统服务的因果关系。Marion 等(2013)在总结已有工作基础上,提出生态系统服务矩阵。该矩阵系列中只考虑显著的直接影响,下面详细介绍该矩阵评估方法。

1) 生态系统属性对生态系统功能的影响矩阵

所有矩阵均按 Y 轴到 X 轴对应关系读取,其隐含的基本科学问题是:因素 Y 变化如何影响不同的因素 X 发生变化?相互作用关系可以定性的表示为:↗表示 Y 的增加会对 X 产生支持作用。↘表示 Y 的增加会对 X 产生减缓作用。支持或减缓效应主要取决于 Y 的数量或强度;因此,↕表示这种关联作用具有双面性;无符号不代表属性之间无关,要素 Y 与 X 之间可能存在间接影响;△表示内在的反馈环。首先给出生态系统属性和过程对生态系统完整性的影响矩阵(表 7.10)。

表 7.10 生态系统属性对生态系统功能的影响矩阵

生态系统属性(Y)		"火用"捕获	熵产生	存储能力	减缓营养损失能力	水循环能力	系统新陈代谢能力	异质性	生物多样性
生态系统结构	植物种类	↗	↗	↗	↗	↗	↗	↗	↗
	动物种类								
碳流	初级生产	↗	↗	↗			↘		↘
	呼吸作用		↗	↘	↘				
能量流	太阳辐射	↗	↗			↘			↘
	反射	↘				↘			
	长波辐射								
水流	降水								↘
	渗透								
	蒸散发		↗			↘			
物质流	沉积	↘	↗	↘	↘	↘			
	肥料	↗	↗	↘	↘		↘	↘	
	过滤				↘				
	吸附			↗					

注:修改自 Marion 等(2013)

生态系统属性主要指生态系统结构和过程(Y轴),包括系统结构、碳流、能量、水流和物质流;生态系统功能通过生态系统完整性指标表示(X轴)。以植物种类增加为例,对所有功能指标均产生正反馈,原因是:①植物数量增加会提高植物 LAI,植物光合作用增强会导致 NPP 增加;②总生物量增加,导致生态系统总的呼吸作用增加;③生态系统的能量和物质不断积累;④生态系统物质和能量循环加强,导致植物茎叶生长,植被蒸腾增加;⑤蒸散发增加;⑥提高生态系统网络和食物网的效率;⑦会影响土壤,增加异质性现象;⑧增加植物类型也有利于提高生态系统多样性。

负向作用的典型例子是"反射"和"火用"(Exergy)捕获。"火用"指系统由任意状态可逆地变化到与给定环境相平衡的状态时,可转换为任何其他能量形式的那部分能量。只有可逆过程才可能发生完全转换,即"火用"是给定环境条件下,可逆过程中理论上生产的最大有用功或消耗的最小有用功。对功能指标相关性进行矩阵分析(表 7.11)。最高的正向连接关系是异质性和多样性,负向反馈关系基本都与熵(entropy)产生有关。

表 7.11 生态系统功能变量的相互影响矩阵

生态系统属性(Y) \ 生态系统完整性(X)	"火用"捕获	熵产生	存储能力	减缓营养损失能力	水循环能力	系统新陈代谢能力	异质性	生物多样性
"火用"捕获	△	↗	↗	↗	↗	↗	↗	↗
熵产生		△	↘	↘	↘	↘	↘	↘
存储能力		↘	△				↗	↗
减缓营养损失能力		↘		△				
水循环能力	↗	↘			△			
系统新陈代谢能力		↘				△		
异质性	↘	↘			↗		△	
生物多样性		↘			↗			△

注:修改自 Marion 等(2013)

2)生态系统功能对生态系统服务类型的影响矩阵

在上述反馈关系基础上,生态系统功能对潜在的生态系统服务供给的影响可以通过不同的影响矩阵进行描述(表 7.12~表 7.14)。同时各影响矩阵均假定,生物多样性是唯一可以影响所有调节服务的功能指标。

表 7.12 生态系统功能对生态系统调节服务的影响矩阵

生态系统完整性(Y) \ 生态系统调节服务(X)	全球气候调节	局地气候调节	空气质量调节	水体调节	水质净化	营养物调节	侵蚀调节	自然灾害防护	授粉	病虫害防治	废物调节
"火用"捕获	↗	↗	↗	↗	↗	↗	↗	↗			↗
熵产生	↘	↘	↘	↘	↘	↘	↘	↘		↘	
存储能力	↗	↗	↗	↗	↗	↗	↗	↗		↗	

续表

生态系统调节服务(X) 生态系完整性(Y)	全球气候调节	局地气候调节	空气质量调节	水体调节	水质净化	营养物调节	侵蚀调节	自然灾害防护	授粉	病虫害防治	废物调节
减缓营养损失能力	↗	↗	↗	↗	↗	↗	↗				↗
水循环能力											↗
系统新陈代谢能力											
异质性											
生物多样性											

注:修改自 Marion 等(2013)

表 7.13 生态系统功能对生态系统供给服务的影响矩阵

生态系统调节服务(X) 生态系统完整性(Y)	作物产品	生物能源	饲料	家畜	纤维	木材	薪材	海水产品	淡水产品	野生食材和装饰品	日化用品和药材	淡水	矿产资源	可更新能源
"火用"捕获	↗	↗	↗	↗	↗	↗	↗	↗	↗	↗	↗	↗		
熵产生	↘	↘	↘	↘	↘	↘	↘	↘	↘	↘	↘	↘		
存储能力	↗	↗	↗	↗	↗	↗	↗	↗	↗	↗	↗	↗		
减缓营养损失能力	↗	↗	↗	↗	↗	↗	↗	↗	↗	↗	↗	↗		
水循环能力	↗	↗	↗	↗	↗	↗	↗					↘		
系统新陈代谢能力	↗	↗	↗	↗	↗	↗	↗	↗	↗	↗	↗	↗		
异质性	↘	↘	↘	↘	↘	↘	↘	↘	↘	↘	↘	↘		
生物多样性	↘	↘	↘	↘	↘	↘	↘	↘	↘	↘	↘	↘		

注:修改自 Marion 等(2013)

3) 不同生态系统类型的相互影响矩阵和人类福祉影响矩阵

不同生态系统服务类型会产生相互反馈作用,这是生态系统服务权衡分析的重点。通过影响矩阵可以清晰地揭示不同类型的服务可能出现的协同或权衡变化关系,这为生态系统服务空间制图和基于制图结果的权衡分析提供了理论基础和方法参考。同时,目前还有几种服务类型存在不确定性,因此矩阵中并未给出其对其他服务类型的反馈关系。具体是:调节服务中的授粉、病虫害防治和废物调节;供给服务中的矿产资源和可更新资源。上述服务类型目前仍存在巨大争议,如有案例认为授粉应该属于支持服务;矿产资源和可更新资源类型较多,空间异质性强,在实际案例中很难进行标准界定和开展对比分析。尽管如此,影响矩阵为认识生态系统服务类型之间及其对人类福祉影响的关系提供了新视角,是基于土地景观变化的生态系统服务功能之外的一种新思路(表 7.15,表 7.16)。

表 7.14　生态系统功能对生态系统文化服务的影响矩阵

生态系统完整性(Y) \ 生态系统文化服务(X)	休闲与旅游	审美与舒适度	教育功能	宗教与精神体验	文化遗传及多样性	自然遗产及多样性
"火用"捕获	↗	↗	↗	↗	↗	↗
熵产生						
存储能力						↗
减缓营养损失能力						↗
水循环能力						
系统新陈代谢能力						
异质性	↗	↗	↗	↗	↗	↗
生物多样性	↗	↗	↗	↗	↗	↗

注：修改自 Marion 等（2013）

表 7.15　生态系统服务类型之间的互馈影响矩阵

	生态系统服务(X)	调节服务									供给服务													文化服务					
生态系统服务(Y)		全球气候调节	局地气候调节	空气质量调节	水体调节	水质净化	营养物调节	侵蚀调节	自然灾害防护	授粉	病虫害防治	废物调节	作物产品	生物能源	饲料	家畜	纤维	木材	薪材	海水产品	淡水产品	野生食材和装饰品	日化用品和药材	淡水	矿产能源	可更新能源	休闲与旅游	审美与舒适度	教育功能	宗教与精神体验	文化遗传及多样性	自然遗产及多样性
调节服务	全球气候调节	△	↗	↗	↗	↗	↗	↗					↘	↗		↘		↘									↗	↗				
	局地气候调节	↗	△	↗	↗								↘	↗		↘											↗	↗				
	空气质量调节	↗	↗	△																												
	水体调节	↗			△																											
	水质净化				↗	△																										
	营养物调节	↗	↗		↗	↗	△																									
	侵蚀调节	↗	↗		↗	↗	↗	△																				↗	↗	↗	↗	
	自然灾害防护	↗	↗	↗	↗	↗	↗	↗	△																		↗	↗	↗	↗	↗	↗
	授粉						△																									
	病虫害防治							△																								
	废物调节								△																							
供给服务	作物产品				↘	↘	↘	↘		△	△		↗															↗	↗		↗	↘
	生物能源	↗	↘		↘	↘	↘	↘			↗		↗	△																	↗	↘
	饲料		↘		↘		↘	↘																								
	家畜	↘	↘		↘	↘	↘	↘																								
	纤维				↘		↘	↘																								
	木材	↗	↗	↗	↗	↗	↗	↗																				↗	↗	↗	↗	↗
	薪材	↗	↘	↗	↗	↗	↗	↗																								
	海水产品																					△										
	淡水产品																															
	野生食材和装饰品																															
	日化用品和药材																															
	淡水				↗	↗	↗	↗																△								
	矿产能源																								△							
	可更新能源																									△						
文化服务	休闲与旅游	↘		↗		↗	↗	↗												↗	↗						△	↗	↗	↗	↗	↗
	审美与舒适度	↗			↗	↗	↗	↗																			↗	△	↗	↗		
	教育功能	↗				↗	↗						↗	↗	↗	↗	↗										↗	↗	△	↗		
	宗教与精神体验	↗																									↗		↗	△		
	文化遗传及多样性	↗																													△	
	自然遗产及多样性	↗																														△

注：修改自 Marion 等（2013）

表 7.16 生态系统服务对人类福祉的影响矩阵

生态系统服务(Y)		经济福祉					社会福祉						个人福祉
	人类福祉指标(X)	经济收入	就业	住房	基础设施	安全	营养状况	人口	健康	教育	休闲	社会关系	
调节服务	全球气候调节					↗	↗	↗	↗				↗
	局地气候调节			↗		↗			↗				
	空气质量调节					↗			↗				
	水体调节			↗		↗		↗	↗				↗
	水质净化					↗	↗		↗				↗
	营养物调节					↗			↗				↗
	侵蚀调节			↗	↗				↗				↗
	自然灾害防护	↗	↗	↗	↗	↗		↗	↗	↗			↗
	授粉												
	病虫害防治												
	废物调节												
供给服务	作物产品	↗	↗			↗	↗	↗					↗
	生物能源	↗	↗	↗	↗								↗
	饲料	↗	↗			↗	↗						↗
	家畜	↗	↗			↗	↗	↗					↗
	纤维	↗	↗	↗					↗				↗
	木材	↗	↗	↗	↗						↗		↗
	薪材	↗	↗			↗							↗
	海水产品	↗	↗				↗	↗					↗
	淡水产品	↗	↗				↗	↗					↗
	野生食材和装饰品	↗	↗				↗						↗
	日化用品和药材	↗	↗						↗				↗
	淡水					↗	↗		↗				↗
	矿产资源												
	可更新能源												
文化服务	休闲与旅游	↗	↗		↗			↗	↗	↗	↗	↗	↗
	审美与舒适度	↗									↗	↗	↗
	教育功能	↗							↗	↗	↗	↗	↗
	宗教与精神体验										↗	↗	↗
	文化遗传及多样性	↗	↗							↗	↗	↗	↗
	自然遗产及多样性	↗	↗		↗	↗				↗	↗	↗	↗

注:修改自 Marion 等(2013)

7.3 小　　结

尽管上述影响矩阵会为空间制图提供全新的视角,但在实际应用过程中仍存在诸多不确定性。首先,指标之间的关系相对简单,主要目的是用于理解、发展和使用生态系统功能和生态系统服务,矩阵关系的界定过程中受建模者的经验和知识背景影响,在不同区域和不同研究目的中可能会发生变化;其次,生态系统非常复杂,空间差异也很明显,很可能存在反例,统计分析的引入将会有助于定义真实的空间有效性;第三,由于生态系统非线性的特征,很难分析不同互馈关系的全部效应特征,只能对熟知或典型的系统变化特征进行分析,完备性有待进一步提高;直接作用和间接作用之间也存在不确定性,这一般与案例本身的特点有关;最后,生态系统服务影响矩阵侧重于定性分析,需要通过大量的定量实证检验,目前相关案例较少,且上述定性关系中并未给出不同互馈关系变化的强度,这也是需要改进的地方。

参 考 文 献

BURKHARD B, MÜLLER F, 2008. Drivers-Pressure-State-Impact-Response//Jørgensen S E, Fath B D, Eds., Ecological indicators. Amsterdam: Elsevier: 967-970.

BURKHARD B, KROLL F, MULLER F, 2009. Landscapes' capacities to provide ecosystem services-a concept for land-cover based assessments. Land science, 15: 1-22.

BUSCH M, GEE K, BURKHARD B, et al., 2012. Conceptualizing the link between marine ecosystem services and human well-being: the case of offshore wind farming. International journal of biodiversity science ecosystem secvices & management, 7(3): 190-203.

COSTANZA R, DAGRE R, DE GROOT R, et al., 1997. The value of the world's ecosystem services and natural capital. Nature, 387: 253-260.

CRABBÉ P, HOLLAND A, RYSZKOWSKI L, et al., 2000. Implementing ecological integrity. Dortrecht: Kluwer.

DAILY G C, GOLDSTEIN J, KAREIVA P M, et al., 2009. Modeling multiple ecosystem services, biodiversity conservation, commodity production, and tradeoffs at landscape scales. Frontiers in ecology & the environment, 7 (1): 4-11.

DE GROOT R S, ALKEMADE R, BRAAT L, et al., 2010. Challenges in integrating the concept of ecosystem services and values in landscape planning, management and decision making. Ecological complexity, 7: 260-272.

HAINES-YOUNG R, POTSCHIN M, KIENAST F, 2012. Indicators of ecosystem service potential at European scales: mapping marginal changes and trade-offs. Ecological indicators, 21: 39-53.

HAINES-YOUNG R, POTSCHIN M, 2010. The Links Between Biodiversity, Ecosystem Services and Human Well-being//Raffaelli D, Frid C, eds. Ecosystem Ecology: a new Synthesis. Cambridge: Cambridge University Press: 110-139.

HEINK U, KOWARIK I, 2010. What are indicators? On the definition of indicators in ecology and environmental planning. Ecological Indicators,10:584-593.

HICKEY G M,INNES J L,2005. Monitoring sustainable forest management in different jurisdictions. Environmental monitoring and assessment,108:241-260.

JØRGENSEN S E,FATH B,BASTIANONI S,et al.,2007. A new ecology: the systems perspective. Amsterdam:Elsevier.

KANDZIORA M,BURKHARD B, MÜLLER F,2013. Interactions of ecosystem properties,ecosystem integrity and ecosystem service indicators: a theoretical matrix exercise. Ecological indicators,28(5): 54-78.

KARR J R,1981. Assessment of biotic integrity using fish communities. Fisheries,6:21-27.

LEOPOLD A,1944. Conservation: in whole or in part? //Flader S,Callicott J B,eds. The River of the Mother of God and Other Essays by Aldo Leopold. Madison:University of Wisconsin Press:310-319.

LI W H,ZHANG B,XIE G D,2009. Research on ecosystem services in China:progress and perspectives. Journal of natural resources,24 (1):1-10.

MARQUES J C,BASSET A,BREY T,et al.,2009. The ecological sustainability trigon: a proposed conceptual framework for creating and testing management scenarios. Marine pollution bulletin,58 (12):1773-1779.

METZGER J M,SCHROTER D,LEEMANS R,et al.,2008. A spatially explicit and quantitative vulnerability assessment of ecosystem service change in Europe. Regional environment change,8: 91-107.

MÜLLER F,2005. Indicating ecosystem and landscape organization. Ecological indicators,5(4):280-294.

MÜLLER F, BURKHARD B, 2007. An ecosystem based framework to link landscape structures, functions and services. Ecology:37-63.

MÜLLER F,BURKHARD B,2010. Ecosystem Indicators for the Integrated Management of Landscape Health and Integrity//Jorgensen S E,Xu L,Costanza R,eds. Handbook of Ecological Indicators for Assessment of Ecosystem Health. second edition. Tew York:Taylor and Francis:391-423.

NAIDOO R,BALMFORD A,COSTANZA R,et al.,2008. Global mapping of ecosystem services and conservation priorities. PNAS,105(28):9495-9500.

OECD,2011. How's Life? Measuring Well-being. Paris:OECD Publishing.

PETTERI V,TIMO K,ARI T,2010. Ecosystem services-a tool for sustainable management of human-environment systems,Case study finnish forest lapland. Ecological complexity,7:410-420.

UNEP-WCMC,2011. Developing Ecosystem Service Indicators: Experiences and Lessons Learned from Sub Global Assessments and Other Initiatives//Secretariat of the Convention on Biological Diversity, Montréal:58,118.

VAN OUDENHOVEN A P E,PETZ K,ALKEMADE R,et al.,2012. Framework for systematic indicator selection to assess effects of land management on ecosystem services. Ecological Indicators, 21:110-122.

VIHERVAARA P,KAMPPINEN M,2009. The ecosystem approach in corporate environmental management:expert mental models and environmental drivers in the finnish forest industry. Corporate social responsibility and environmental management,16 (2):79-93.

WOODLEY S,KAY J,FRANCIS G,1993. Ecological integrity and the management of ecosystems. Ottawa:St. Lucie Press.

第 8 章 生态系统服务综合评估

模型是深入认识土地景观格局与生态系统服务耦合变化关系的有效工具。通过总结已有的生态系统服务模拟和评估模型,提出适用于干旱区生态系统服务集成模型开发的建模思路,并以干旱区典型绿洲区为例开展案例分析,给出集成建模框架和模块实现方法,初步构建一个松散耦合的集成模型。为后续案例分析、区域土地利用规划和环境管理等提供决策支持。模型开发的长远目标是逐步将其发展为一个中等复杂度的、跨尺度的环境决策支持系统。

8.1 生态系统服务评估模型

生态系统服务模拟和评估已进入集成研究的阶段,迄今已取得一批重要成果,但仍存在一些问题。例如,在生态系统服务估值中,生态系统结构具有空间异质性,集总式的生态系统服务功能估值可能会忽略生态系统服务功能空间分布的不均匀性。近年来开始兴起空间异质性的生态系统服务模拟与评估集成模型开发,并以遥感数据、社会经济数据、GIS 技术、计算机建模技术等为数据和技术支持,在学术界和政策制定层面得到好评,集成模型在评价生态系统服务功能价值及其空间分布中发挥着越来越重要的作用。

8.1.1 生态系统服务评估模型概述

1. InVEST 模型

InVEST(the integrate valuation of ecosystem services and tradeoffs tool)模型是由美国斯坦福大学、世界自然基金会和大自然保

护协会科研人员联合开发,通过不同类型生态系统服务分析工具和方法将生态系统自然资产要素概念纳入决策体系,模型构建过程中追求经济与自然环境保护目标的一致性,模型分析重点是不同生态系统产生的一系列生态系统服务物质量和相应价值量变化。InVEST 目前仍在不断开发、完善和测试,各模块基于 python 语言编写。该模型自推出以来得到学术界好评,在生态环境、水利水电、土地资源评价、水产养殖和气候变化等多个交叉学科领域得到快速应用。

1) 模型简介

在本书撰写过程中,最新的 InVEST 3.3.0 版已经发布,笔者目前主要使用 InVEST 2.5.6 进行河西走廊绿洲生态系统服务模拟。相较早期版本,InVEST2.5.6 更新了生态系统服务分类,生态系统服务模拟与评估的体系更为完整和科学(图 8.1)。

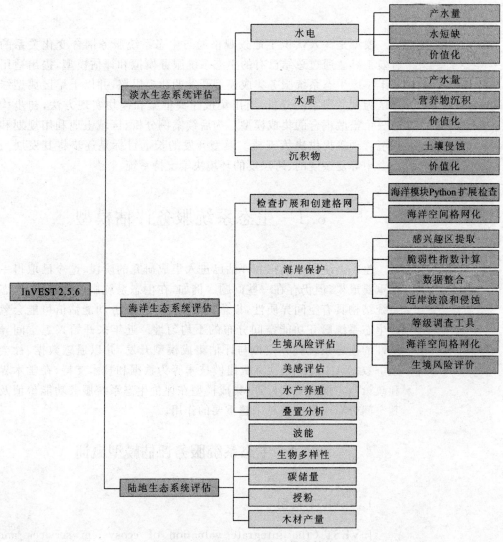

图 8.1　InVEST 2.5.6 模块结构

InVEST 目前主要针对海洋生态系统、淡水生态系统和陆地生态系统开展生态系统服务模拟和价值评估。已有的海洋生态系统模块包括海洋保护、美感评估、水产养殖、生境风险评估、叠置分析和波能评估等；淡水生态系统主要包括产水量、营养物沉积和土壤侵蚀等模块；陆地生态系统模块主要包括生物多样性、碳储量、授粉和木材等模块。该版本不再明确区分各模块应用的等级限制，但给出各模块在不同 GIS 平台和操作系统中的稳定性测评结果，供建模参考。在具体模块选择时要考虑模块稳定性问题。

2) 一般建模流程

模型最大优点是数据输入相对简单，可以直接使用多种遥感数据和非空间数据，模型结果输出较丰富，可以根据建模需求定制不同的空间显式结果。模型结果还可与特定情景决策过程及情景评估工具进行集成，并实现对生态系统物质量、价值量和权衡分析，建模和评估流程主要包括：设定情景、ES 功能评估和输出结果(图 8.2)。

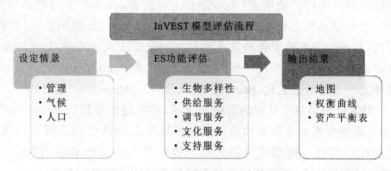

图 8.2 基于 InVEST 模型的建模流程

另外，在基于 InVEST 开始具体建模工作之前，还需安装相关的模型组件，主要用到的软件包有：NumPy，SciPy，PythonWin 和 Matplotlib 等，这些组件主要用于支持空间制图和科学计算输出等功能；最后，基于已有算法进行二次开发时需注意模型的约束条件：如模拟模块算法中不能自定义变量，必须调用已有变量声明库；模型对空间运算的栅格数目也有限制，如在水质净化和沉积模块中，研究区栅格像元数不能超过 4 000×4 000 个等。

InVEST 模型可根据土地利用图的时空变化模拟陆地生态系统农作物产量、碳储量、生境质量和稀有性等多种生态系统服务功能的动态变化，为政府部门管理和环境决策等提供理论和技术参考。如 Nelson 等(2009)根据利益相关者定义的土地利用变化情景，利用 InVEST 模型分析和预测了美国俄勒冈州威拉米特河流域生态系统服务功能的动态变化。但模型对涉及的生态系统服务功能进行了不同程度的过程概化，算法相对简单，导致模型具有一定的局限性。例如，为使模型运行需要相对较少的输入信息，InVEST 的碳储量和封存模块对碳循环过程进行了简化；假定每一种土地覆被类型的碳密度(单位面积碳储量)在模拟过程中保持不变；在封存估算时，模块假定碳储量只随时间呈现线性或指数型变化；另外，模块假设各碳库相互独立，无法获取不同碳库之间的流动信息(Tallis et al.,2013)。模型局限性影响了估算结果的精度和不确定性，但算法的简化可减少数据信息的需求，降低模型使用的难度。

2. ARIES 模型

ARIES(artificial intelligence for ecosystem services)是由美国佛蒙特大学的科研人员开发的生态系统服务功能评估模型(Villa et al.,2009)。ARIES 模型集成了多种生态系统服务功能算法和空间数据等信息,主要通过人工智能和语义建模方法开发。模型对多种生态系统服务功能进行模拟与评估,如碳储量和碳封存、美学价值、雨洪管理、水土保持、淡水产品供给、娱乐休闲和水体养分调控等(Bagstad et al.,2011)。

ARIES 模型的主要特点是:能对生态系统服务功能的"源"(服务功能潜在提供者)、"汇"(使生态系统服务流中断的生物物理特性)和"使用者"(生态系统服务的受益人)的空间位置和数量进行空间显式表达(Bagstad et al.,2011)。以生态系统碳储存和封存服务为例,模型中的"源"是指植被和土壤等固定的碳;"汇"是指火灾、土地利用变化等引起的储存和封存碳的释放;而"使用者"是那些 CO_2 排放者,与人类活动密切相关(Bagstad et al.,2011)。在目前的生态系统服务功能评估中,上述"源-汇-使用者"一起构成生态系统服务空间流(某项生态系统服务功能在不同空间尺度上由生态系统到人的传递)的核心要素。可以通过 ARIES 模型的子模块 SPAN(service path attribution network)模拟生态系统服务流的空间动态变化(Bagstad et al.,2012;Johnson et al.,2010)。

目前,ARIES 模型是基于特定的案例开发的,建模过程采用较高分辨率的空间数据支持,并考虑了影响生态系统服务功能供给的区域生态和社会经济因子,在相关区域有较高的模拟和评估精度。模型研发团队目前也在开发跨尺度的通用版模型,总体看,ARIES 模型应用前景较好,正受到越来越多的学术团体的重视和推广。

3. SolVES 模型

SolVES(social values for ecosystem services)是由美国地质勘探局与美国科罗拉多州立大学联合开发的评估生态系统服务功能社会价值的模型(Brown et al.,2012;Sherrouse et al.,2012),用于评估和量化美学、生物多样性和休闲等生态系统服务功能社会价值,评估结果不进行货币化价值估算,以非货币化价值指数表示。模型由生态系统服务功能的社会价值模型、价值制图模型、价值转换制图模型 3 个子模块组成。

社会价值模型和价值制图模块一般联合使用,模块需要的数据包括环境数据图层、调查数据和区域边界、土壤、土地利用等。其中,调查数据是基于公众态度和偏好得出的针对不同生态系统服务功能的社会价值调查结果,并以非货币化价值指数表示。价值转换制图模块可单独使用,适用于没有原始调查数据的区域,可以根据有调查数据地区结果,建立统计模型实现新的评估。该模型应用范围较广,是价值评估的专业工具,但如果在新区域开展模型应用时,需要大量社会调查,一般通过 WTP 或更复杂的环境选择模型获取生态系统服务价值偏好数据,这会增加建模过程和评估结果的不确定性。

4. 其他常见的模型

目前,开发通用的、跨尺度的生态系统服务模拟与评估模型已成为生态系统服务领域的热点,除了上述的几类模型外,目前较常见的模拟和评估模型还包括以下几种。

(1) EPM(ecosystem portfolio model)。EPM 是用于模拟特定区域生态、经济和居民生活质量价值的土地利用规划模型,可用于评价土地利用变化对上述价值的具体影响(Bagstad et al.,2012;Labiosa et al.,2010)。EPM 模型基于多标准情景模拟框架、GIS 空间分析以及空间显式的土地利用/覆被变化敏感性模型等信息,对生态系统服务功能、地块价值、社区生活质量等土地覆被相关的生态价值进行评价(Labiosa et al.,2010)。EPM 模型综合考虑了区域生态、经济和居民生活质量等问题,从跨学科视角进行生态系统服务功能评估,建模框架有较强的可推广性。

(2) MIMES(multi-scale integrated models of ecosystem services)。MIMES 是在 GUMBO(global unified metamodel of the biosphere)基础上建立的、并用于动态模拟生态系统服务功能的模拟与评估模型(Boumans et al.,2007)。MIMES 模型注重综合参与式模型构建、数据收集和估算,模型考虑了时间动态,并整合了现有的多种生态系统过程模型用于生态系统服务功能模拟,还可以从经济权衡角度对生态系统服务功能进行估算。MIMES 模型可以具体地模拟地球表层系统的水文、生态、生物物理化学和人类活动等过程及其生态系统服务功能和经济价值时空动态变化。

(3) InFOREST。InFOREST 是基于 web 的模拟和评估工具,主要用于评估固碳、流域养分、生物多样性等生态系统服务功能变化。该模型专注于生态系统服务功能计算,暂时不涉及经济价值评估目标,模型目前还处在开发的初级阶段,相关案例鲜见报道。

(4) Envision。Envision 是基于用户、空间显式的景观变化和未来可选情景分析等功能而开发的工具,用于评估不同情景对多种景观指标的影响。模型确定的景观指标具体包含:养分管理、淡水供给、固碳、食物和木材产量、作物授粉等生态系统服务功能(Bolte et al.,2006)。Envision 目前主要用于美国太平洋西北部地区,模型的可移植性较差(Bagstad et al.,2012)。

(5) 商业性生态系统服务模拟和评估工具。如 EcoMetrix,是由 Parametrix 公司开发的付费的生态系统服务功能评估模型。它利用地面调查的物理环境因子等作为模型生态生产函数的输入数据,模拟生态系统服务功能(Bagstad et al.,2012),帮助政府部门设计和实施生态系统服务保护项目(Nelson et al.,2010),适用于小尺度范围的模拟,当开展大尺度模拟时需要和其他评估模型结合使用(Nemec et al.,2013)。

EcoAIM 是由 Exponent 公司开发的付费的生态系统服务功能评估模型。EcoAIM 模型的主要目标是:①评估生态系统服务功能,为环境决策的制定提供理论参考和技术支持;②在不同发展情景下,模拟特定的生态系统服务功能变化;③提供不同土地或资源管理决策引起的生态系统服务功能权衡的评估方法。在考虑生态系统服务功能的影响时,EcoAIM 使用风险分析方法对利益相关者偏好进行综合分析(Bagstad et al.,2012)。

总体看,InVEST 模型操作便捷,模型可扩展性强,已在多个国家和地区得到快速应用[①];模型提出的概念框架也得到了广泛认可,迄今为止,模型开发和升级非常活跃,相关

---

① http://ncp-yamato.stanford.edu/

典型案例不断出现,如:Goldstein 等(2012)基于多情景方法,利用 InVEST 模型对夏威夷进行全面的生态系统服务功能评估;Nelson 等(2009)利用 InVEST 模型分析了威拉米特河流域土地利用与覆被变化过程和生态系统服务功能的时空特征之间的相互作用机理;Goldstein 等(2012)利用 InVEST 模型分析了哥伦比亚政府有效的生态系统服务投资组合[①];Fisher 等(2011)对坦桑尼亚森林生态系统进行生态系统服务评估模拟。上述案例注重建模过程与实际决策应用集成;从模型开发角度看,已有案例普遍重视模型二次开发,这有力地推动了生态系统服务建模。国内自 2010 年以后,一些学者开始将 InVEST 应用到不同 ES 功能定量评估中,典型案例目前主要集中在长江中下游地区(Ren et al.,2011)、北京山区(杨芝歌 等,2012)和海南岛(肖明,2011)等区域。目前,有关干旱区生态系统服务评估的研究主要集中在大尺度价值评估方面,针对集成模型开发与应用的案例还鲜见报道。

8.1.2　InVEST 评估模型方法与应用

以张掖市甘临高荒漠绿洲生态系统为例,基于 InVEST 和 LUCC 进行绿洲碳储存和封存评估,具体利用 InVEST 的碳储存和封存评估模块实现。甘临高绿洲地处干旱区生态环境非常脆弱的甘肃省河西走廊,经纬度范围为 98°57′E～100°52′E 和 38°32′N～39°42′N,选取的绿洲边界与甘州区、临泽县和高台县边界保持一致(图 8.3)。

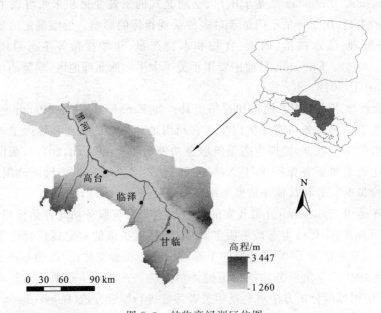

图 8.3　甘临高绿洲区位图

---

① http://www.naturalcapitalproject.org/pubs/

绿洲总面积约 $1.13×10^4$ km^2，人口约 78.96 万人（2009 年）。地貌是以断陷盆地为主的平原走廊，土壤类型主要有灰棕荒漠土、灰漠土、灌淤土、盐土、草甸土、沼泽土和风沙土等；据中科院临泽站监测资料显示，多年平均降水量约 117 mm；年平均气温约 7.6℃，年日照时数约 3 045 h，太阳辐射总量约 $6.1×10^5$ J/(cm^2·a)；甘临高绿洲是河西走廊城镇群发展核心区、也是国家重点商品粮基地之一。自然和人文景观非常丰富。近年来，受人口增长和农业活动持续增加等人类活动影响，绿洲生态系统服务供给变化剧烈。

1. 碳储存和封存的物质量评估方法

模型主要关注四个碳库：地上生物量、地下生物量、土壤和枯死有机质。通过已有 LUCC 图和建模者的分类，将相关碳库中存储量加总。地上生物量碳库包括土壤层以上具有生命力的各种植被；地下生物量碳库包括各种具有地上生物量的植被根系系统；土壤碳库主要指土壤有机质，它是土壤的有机组成，也是陆地系统中最大的碳库；枯死有机质碳库则主要包括将死和已枯死的木材枯枝落叶层。另外，模型也考虑"第五碳库"，主要指已收获木材产品（harvested wood products，HWPs），如薪柴、木炭和用于建筑建材的木料等。输出结果主要包括土地系统中碳存储量和封存量等。具体需要的数据库如下。

1) LUCC 图

现状图中每个格网均通过土地利用与覆被类型数字编码。统一定义投影（单位：m）、对类型编码（栅格数据属性"value"列）；情景图表示未来景观格局状态，情景图和现状图中相同类型编码保持一致，情景图中可以出现新的土地利用与覆被类型；基期图表示过去某特定时间段景观格局，允许出现与现状图不同的类型编码。基期图一般反映的是土地管理强度较弱的时期。所有数据格式为.grid。

2) 基础碳库

用 cvs 表示，包含各土地类型不同碳库数据，碳储量数据通过绿洲已有的成果收集，难以获取的参数参考 IPCC 专题报告。此外，如缺乏某些碳库信息时，还可通过其他碳库数据间接推算。未收集到绿洲木材采伐数据，暂不考虑第五碳库。表 8.1 中 C_above 为地上生物量碳库的碳储存量；C_below 为地下生物量碳库的碳储存量；C_soil 为土壤中的碳储存量；C_dead 为枯死有机质碳库中的碳储存量。碳库单位是 Mg/hm^2，默认为碳元素，如获取数据单位是 Mg·CO$_2$/hm^2，则需将单位转为元素碳，即给初始值乘以 0.2727。

基于已获取的地上生物量数据和折算比例，分别推算不同土地利用与覆被类型中这两种碳库碳储存量。汇总上述数据，得到甘临高绿洲基于土地利用与覆被类型的碳库数据（表 8.1），lucode 与土地利用编码保持一致。混合像元中，不同碳库数据与特定的土地利用类型的面积进行加权求和。LUCC 情景数据通过 SLEUTH 模型获取，有关数据收集、处理与 LUCC 模拟的详细过程可参看梁友嘉（2015）的工作。

表 8.1　不同土地利用与覆被类型的碳储存量　　　　（单位：Mg/hm²）

土地类型编码	C_above	C_below	C_soil	C_dead	土地类型编码	C_above	C_below	C_soil	C_dead
21	79	53	3 213	4	52	0	0	553	0
22	57	34	805	12	53	0	0	553	0
23	4.1	2	110	30	61	0	0	201	0
24	4.1	1	75	1	62	0	0	266	0
31	2	2	1 462	0.2	63	0	0	487	0
32	2	2.3	497	0.46	64	1.2	5	20	0
33	1.4	0	10	0	65	1.2	0	462	0
41	0	0	0	0	66	0	0	34	0
42	0	0	0	0	111	3	2	724	0
43	0	0	0	0	121	3	2	948	2.5
46	1	1	10	0	123	3	2	948	2
51	0	0	60	0					

3）植被收获率制图

InVEST 模型采用通用的碳库算法建模，以 HWP 碳库变化为例进行分析，其他碳库的计算方法与此类似。用 HWP_cur_x 表示从斑块 x 获得的碳存储量（Mg/hm²），yr_cur 为当前年份，t 表示收获期数，ru 为取整函数。

$$HWP\_cur_x = Cut\_cur_x \times \sum_{t=0}^{ru\left(\frac{yr\_cur - start\_date_x}{Freq\_cur_x}\right)-1} f(Decay\_cur_x, yr\_cur - start\_date_x - (t \times Freq\_cur_x)) \tag{8.1}$$

$$f(\cdot) = \left[\frac{1-e^{-w_x}}{w_x \times e^{[yr\_cur - start\_date_x - (t \times Freq\_cur_x)] \times w_x}}\right] \tag{8.2}$$

式中：$w_x = (\ln 2/Decay\_cur_x)$ 为收获期斑块碳量；方程 $f(\cdot)$ 表示现有腐烂率 $Decay\_cur_x$ 和 $yr\_cur - start\_date_x - (t \times Freq\_HWP\_cur_x)$ 时段内，到 yr_cur 时 HWP 碳量，不计当前年份碳量，因为一般未完全形成生物量。假设 $start\_date_x = 2\,000$，$yr\_cur = 2\,009$，$Freq\_cur_x = 1$，则式（8.1）中 $ru\left(\frac{yr\_cur - start\_date}{Freq\_cur_x}\right) = ru(9) = 9$，根据式（8.1），这意味着需要加总 9 个收获期（$t = 0, 1, 2 \cdots 8$）。或者，如果 $start\_date_x = 2\,000$，$yr\_cur = 2\,020$，$Freq\_cur_x = 2$，则 $ru = 10$，则每个斑块收每公顷获得 Cut_cur_x 碳量的年份分别为距 2020 年之前的第 20、18、16、14、12、10、8、6、4 和 2 年。C_den_cur 和 $BCEF\_cur$ 测量 Bio_HWP_cur 和 Vol_HWP_cur，表示木材从开始到当前年份积累量，单位分别为 Mg(干物质)/hm² 和 m³(干物质)/hm²。最终，模型将斑块水平值转换为格网图，与其他四大碳库值合并。

$$Bio\_HWP\_cur_x = cut\_cur_x \times ru\left(\frac{yr\_cur - start\_date}{Freq\_cur_x}\right) \times \frac{1}{C\_den\_cur_x} \quad (8.3)$$

$$Vol\_HWP\_cur_x = Bio\_HWP\_cur_x \times \frac{1}{Vol\_\exp\_cur_x} \quad (8.4)$$

4) 未来情景

基于未来情景年份模拟时要考虑各基础碳库的碳封存率。f 函数的含义与之前公式的相同，$\frac{yr\_fut + yr\_cur}{2}$ 为分数时自动取小的整数。方程不包含未来情景年的收获量。方程等号右边第 1 部分表示现有景观能收获而未来不会收获的碳量，第 2 部分表示在现有景观中未收获但在未来可能收获的碳量，各碳库计算方法类似，以 HWP 计算为例。

$$HWP\_fut_x = Cut\_cur_x \sum_{t=0}^{ru\left(\frac{yr\_fut+yr\_cur}{2} - start\_date_x\right)-1} f(Decay\_cur_x, yr\_fut\_start - date_x - (t \times Freq\_cur_x)) +$$

$$Cut\_fut_x \sum_{t=0}^{ru\left(\frac{yr\_fut - \frac{yr\_fut+yr\_cur}{2}}{Freq\_fut_x}\right)-1} f\left(Decay\_cur_x, yr\_fut \frac{yr\_fut+yr\_cur}{2} - (t \times Freq\_fut_x)\right) \quad (8.5)$$

从 $start\_date$ 到 yr_fut 封存的碳物质量为

$$Bio\_HWP\_fut_x = \left(HWP\_cur_x \times ru\left(\frac{\frac{yr\_fut+yr\_cur}{2} - start\_date_x}{Freq\_cur_x}\right) \times \frac{1}{C\_den\_cur_x}\right) +$$

$$\left(HWP\_fut_x \times ru\left(\frac{yr\_fut - \frac{yr\_fut+yr\_cur}{2}}{Freq\_fut_x}\right) \times \frac{1}{C\_den\_fut_x}\right) \quad (8.6)$$

式(8.6)等号右边第 1 部分表示在未来情景下，仅在现有景观中收获的木材质量；第 2 部分表示现有景观中未收获但未来可收获的木材质量。

5) REDD 情景图

通过 REDD 政策下获取的 LUCC 图实现基于特定情景的碳储存和封存模拟，结果常被用来和未来基期情景做对比。

2. 碳储存和封存的物质量评估应用

1) 绿洲碳储存量

甘临高绿洲 2000～2009 年碳储存量空间分布如图 8.4 所示，栅格分辨率为 100 m。0 值区面积较分散，多为无植被覆盖区域，如人工铺砌区；高值区多为植被覆盖的绿洲核心区域，基本沿黑河与人工灌溉渠系分布；低值区植被稀疏，整体分布分别和土地利用空间分布类似，模拟结果可信。

2) 像元尺度结果

2000 年绿洲碳储存量平均值为 $3.540\ 8 \times 10^2\ \text{Mg/hm}^2$，标准差为 $3.454\ 5 \times 10^2\ \text{Mg/hm}^2$；

2009年碳储存平均值为 3.5694×10^2 Mg/hm², 标准差为 3.5366×10^2 Mg/hm²。

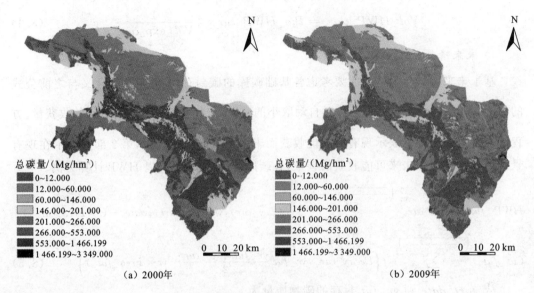

图 8.4　绿洲 2000 年和 2009 年碳储存分布

绿洲植被是提供固碳服务的主要土地利用类型。因此，进一步对绿洲主要植被类型碳储量变化分析，得到不同植被类型单位面积碳储量变化。首先，计算得到的植被栅格碳储量排序：耕地（2 955~2 964 Mg/hm²）＞林地（2 895.53~2 983.23 Mg/hm²）＞草地（2 125.44~2 274.52 Mg/hm²）；其次，栅格碳储量的绝对增加量排序为：草地（149.07 Mg/hm²）＞林地（87.7 Mg/hm²）＞耕地（8.99 Mg/hm²）。具体见图 8.5。

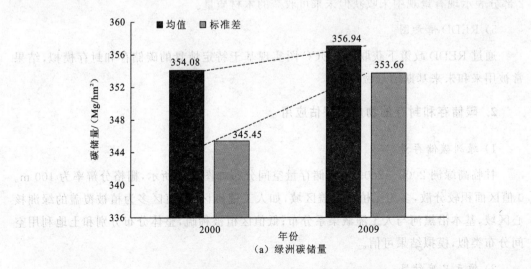

图 8.5　像元尺度绿洲碳储量和植被碳储量变化

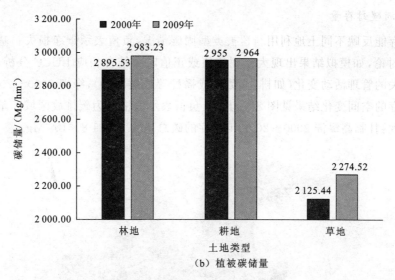

(b) 植被碳储量

图 8.5 像元尺度绿洲碳储量和植被碳储量变化(续)

3) 绿洲尺度结果

绿洲 2000 年碳储存总量为 3.7472×10^8 Mg,2009 年碳储存总量为 3.7775×10^8 Mg。同时,对绿洲主要植被类型的碳储量变化进行统计分析:植被总的碳储量排序为:耕地($2.17 \times 10^8 \sim 1.62 \times 10^8$ Mg)>草地($1.46 \times 10^7 \sim 6.06 \times 10^7$ Mg)>林地($7.58 \times 10^6 \sim 1.52 \times 10^7$ Mg);耕地碳储量下降(-5.53×10^7 Mg,比重降低了 15.14%),草地(4.6×10^7 Mg,11.04%)和林地(7.66×10^6 Mg,1.8%)增加。具体见图 8.6。

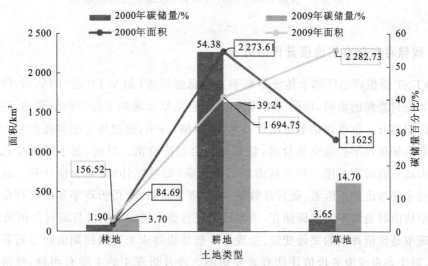

图 8.6 绿洲尺度植被面积和碳储量变化

4) 绿洲碳封存量

碳封存能反映不同土地利用与覆被类型固碳情况,负值表示碳净损失。基于之前的不确定性讨论,如模拟结果出现大范围负值或正值时要结合相应 LUCC 分析,并考虑与碳排放相关的管理活动变化(如耕作,焚烧或播种等人类活动);绿洲 2000～2009 年像元尺度碳封存的空间变化结果见图 8.7,其中,负值表示该格网为碳排放区域。基于绿洲尺度统计发现:甘临高绿洲 2000～2009 年封存的碳总量为 3.0318×10^6 Mg。

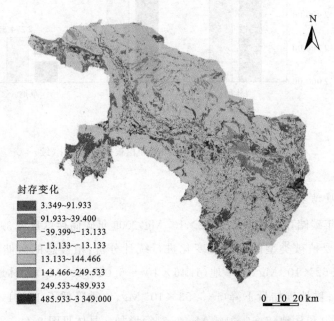

图 8.7 绿洲 2000～2009 年碳封存变化的空间分布

3. 碳储存和封存的价值量评估方法

InVEST 价值评估区别于传统的基于支付意愿调查(如 WTP 法)的估值,因为后者受调查者支付意愿的影响,估值结果较为主观,且结果多偏向于经济价值评估,往往忽略了社会价值部分。价值评估单位用货币单位(栅格)表示;通过界定感兴趣的景观单元类型在现有市场条件下的碳交易价格,估算其社会经济价值。目前,基于陆地生态系统的碳封存市场价值通常采用一些交易市场的单位碳(如按吨计)交易价格计算。在估计封存价值时主要考虑如下因素:碳封存数量、单位碳量价格、货币折现率和碳封存价值变化等。模型估值时通常不考虑碳储存,主要因为现有的市场碳价格仅与碳封存相关。

折现率是价值评估的关键变量,折现率一般是指将未来有限预期的收益折算成现值的比率,对生态系统服务价值评估有重要影响。涉及折现率的主要有两种:经济学中的标准金融折现率,用于反映人们以当前收益估计未来经济增长的预期值和各种不确定性;碳交易相关的折现率,用于调整碳封存评估的社会经济价值变化趋势,可利用该折现率分析碳排放对气候变化影响。如果希望碳封存对当前气候变化影响大于对未来影响，则应更多使用第二种折现率，否则，使用第二种折现率并不合理。具体评估过程与方法如下。

1) 确定碳封存价格

封存每吨碳的价格，其中，碳为元素碳，InVEST 默认的货币单元为美元，为便于理解，在 Python2.7 中改写 carbonoutput.py 代码，增加人民币单位的结果输出。具体换算关系取 1 美元 = 6.09 元人民币，按 2009 年当年基准价计算，后续多情景评估过程中也统一使用该换算关系。

碳的交易价格需要查阅相关标准，最新成果是 Jotzo 等（2013）发布的《中国碳价格调研》，根据其提供的碳的价格得到：当前碳交易价格取 117.44 元/吨；2018 情景年价格为 194.51 元/吨。书中并未采用几个国际性交易市场提供的价格数据，原因是：首先，已有几个碳的交易市场至今仍未能形成公认的交易基础原则，各市场提供的价格很难统一比较；其次，已有数据未特别考虑中国的碳交易现状和诉求，简单地使用其提供的交易价格可能会产生负面影响。

2) 市场折现率 r

在当前国际碳交易中，有几个具有代表性的折现率指标。其中，美国行政管理和预算局（Office of Management and Budget，OMB）推荐值为 7%，该指标已得到广泛应用；加拿大和新西兰推荐使用 10%，亚洲开发银行（Asian Development Bank，ADB）建议使用 12%~20%，在东南亚地区碳交易研究中有广泛应用[①]。在国家宏观政策制定方面，折现率研究已成为多个国家和地区开展长期政策制定的热点（赵捧莲，2012）。由于碳评估与气候变化关系密切，在实际的价值评估过程中应适度的调低折现率，即未来价值换算成现值后会变大，以强调碳封存对当前气候变化。模型选择 7% 的折现率进行价值评估。

3) 碳价格的年均变化率 c

默认值为 0%，如取值大于 0，表明未来碳封存价值小于现有封存价值，如果小于 0 则相反。模型中的碳价格年均变化率取默认值 0%。基于上述模型输入数据，构建的评估模型的输入界面如图 8.8 所示。

其中，用于评估碳封存价值的计算方法具体如下：

$$value\_seq_x = V \frac{sequest_x}{yr\_fut - yr\_cur} \cdot \sum_{t=0}^{yr\_cur-yr\_cur-1} \cdot \frac{1}{\left(1+\frac{r}{100}\right)^t \left(1+\frac{c}{100}\right)^t} \quad (8.7)$$

式中：$value\_seq_x$ 为某栅格单元在特定时间段内总的碳封存价值；V 为碳封存的单位价格；yr_fut 为情景年，yr_cur 为现状年；$sequest_x$ 为特定时间段内碳封存量；r 为折现率；c 为碳价格的年均变化率。

---

① http://www2.adb.org

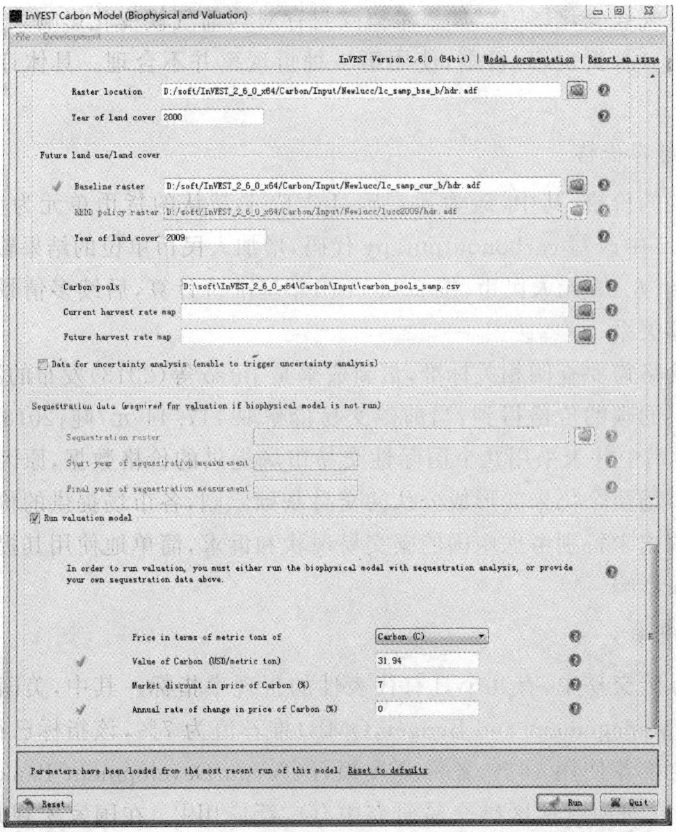

图 8.8 评估模型的输入界面

4. 碳储存和封存的价值量评估应用

以甘临高绿洲 2000~2009 年碳储存和封存模拟结果为输入数据,利用碳评估模型对绿洲生态系统碳储存和封存的社会经济价值进行评估。碳封存模拟结果如为负值时,代表碳封存过程中的碳损失,相应的价值评估负值表示碳排放成本。如价值空间分布图中出现大范围负值或正值时需要考虑 LUCC 过程,并要考虑区内是否存在特殊的碳排放管理活动(如大面积农业耕作、焚烧或播种等人类活动)。一般的,经济价值空间分布与封存的物质量空间分布较为类似。甘临高绿洲 2000~2009 年碳封存价值在空间分布上呈增加趋势,未出现集中成片价值增加区域(图 8.9);基于空间结果统计分析得到绿洲 2000~2009 年封存总碳量为 3.0318×10^6 Mg,相应的封存价值达 1.6738×10^9 元(2.7584×10^8 美元)。

通过 2000~2009 年 LUCC 过程分析可知,绿洲在该时段内呈扩张趋势,表明绿洲面积扩大导致碳封存服务价值得到提高,对于绿洲碳储存和封存生态系统服务而言,绿洲扩张有利于提高该项服务的供给。另外,还可针对感兴趣特定时空尺度的评估结果对比分析,这是空间显式评估结果优势。估值结果将用于和情景分析结果进行对比。

综上,基于碳模型的评估建模过程需要收集相对详细的碳量、碳储存空间分布以及

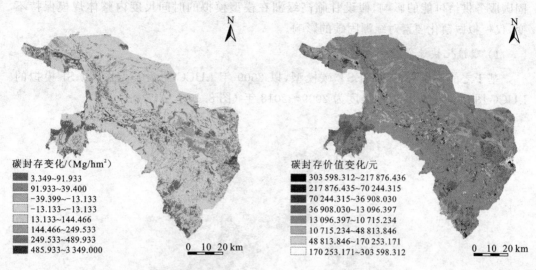

图 8.9 绿洲 2000~2009 年碳封存及其价值变化的空间分布

相关价格数据,空间显式的结果可以对当地政府、非政府组织和一些企业的商业决策行为等提供参考。例如,通过甘临高绿洲的案例分析,当地政府可依据模型结果分析退耕还林还草工程导致的碳排放价值变化;可及时了解特定空间尺度的碳储存价值分布,这有助于决策者更好的保护碳储存量较高的植被区域。另外,政府、当地公众等利益相关者也可依据评估结果在不同 LUCC 规划目标之间做权衡分析,模型结果的实用性较强。

通过构建相对简单的选择模型,用其估计碳储存和封存服务对社会经济系统可能产生的社会经济价值。评估结果的不确定性是:模型受物质量模拟结果影响较大,此外,模型所用的折现率相当于潜在折现率,今后如能开发基于绿洲实际的可变折现率,会进一步提高模型评估结果的精度,这也是模型后续改进的难点。

5. 不同城镇化水平对绿洲碳储存和封存的可能影响

首先按第 6 章确定的情景,基于 SLEUTH 模型模拟情景 S1(历史趋势)、S2(中等保护程度)和 S3(严格保护)的 LUCC,从中获取有用的绿洲土地变化信息,了解其土地覆盖变化的政策机理,进而提高情景结果的实用性(Liang et al.,2014)。甘临高绿洲发展受水资源条件约束明显,绿洲规模扩张有限;同时,受区域社会经济发展需求带动,绿洲内部人类活动强度日益剧烈,绿洲城镇化过程正在快速地推进,会对绿洲生态系统整体的稳定性和可持续性形成胁迫,对绿洲发展产生不确定性影响。城镇化过程已成为导致绿洲景观格局变化的重要驱动力。

城镇化导致城镇建设用地面积不断扩大,客观上对绿洲其他土地覆盖类型造成一定的"侵占",使绿洲不同生态系统服务供给可能会产生明显变化。通过分析不同城镇化水平对绿洲生态系统服务的可能影响,可提供基于 ES 的绿洲生态环境演化预警分析,可定量比较不同人类活动强度对绿洲生态系统的干扰强度。为定量模拟城镇化过程对绿洲固碳服务供给可能的影响,假设甘临高绿洲在模型模拟的时间尺度内整体规模保持不变,仅模拟城镇化要素对绿洲固碳的影响。

1) 城镇化快速发展情景的碳变化

基于之前调试好的 InVEST 碳模型,以 2009 年 LUCC 图为基期图,以 S1 模拟的 LUCC 图为输入情景,时间尺度为 2009~2018 年(图 8.10)。

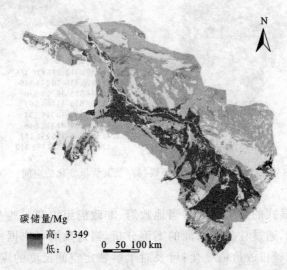

图 8.10　基于情景 S1 的绿洲 2018 年碳储存模拟的空间分布

在 S1 中,甘临高绿洲城镇化过程表现为快速发展模式,城镇建设用地的扩张非常迅速,对绿洲生态系统演化产生了强烈影响。在此背景下,基于模型模拟得到 2018 年绿洲碳储存可能的空间分布。模拟表明:碳储存高值区主要分布在绿洲中部植被覆盖区域;北部荒漠区和南部山前地带的植被覆盖稀疏,模拟值较低;绿洲内部的水域和城镇建设用地类型模拟的结果接近于 0。统计分析可知:S1 情景下绿洲碳储存的平均值为 3.5361×10^2 Mg/hm^2,标准差为 3.5173×10^2 Mg/hm^2;对栅格尺度的模拟结果进行加总,基于 S1 情景的甘临高绿洲 2018 年碳储存总量为 3.7422×10^8 Mg。相较 2009 年基期结果(3.7775×10^8 Mg),该情景完全发生时,碳封存量会减少,共损失碳 3.5303×10^6 Mg,如果按 9 年间隔的线性变化假设计算,2009~2018 年每年会损失 3.9226×10^5 Mg。

2) 城镇化平稳发展情景的碳变化

2009 年 LUCC 图为基期图,情景 S2 模拟的 LUCC 图为输入情景,其他输入数据保持不变,模拟时间尺度为 2009~2018 年。S2 代表绿洲城镇化的平稳发展模式,在基于 SLEUTH 的 LUCC 模拟中,充分考虑绿洲土地管理策略约束作用,限制湿地自然保护区开发,城镇建设用地的扩张有所减缓,在此平稳型城镇化发展水平背景下,基于模型模拟得到 2018 年绿洲碳储存可能的空间分布(图 8.11)。

栅格模拟结果表明:碳储存高值区仍主要分布在中部植被覆盖区,但绿洲核心区内部高值区有所增加,由东南部向西北部呈零散分布;北部荒漠区和南部山前地带植被覆

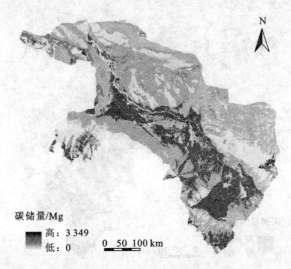

图 8.11　基于情景 S2 的绿洲 2018 年碳储存模拟的空间分布

盖稀疏,模拟值仍较低;绿洲内部水域和城镇建设用地类型模拟结果接近于 0。S2 绿洲碳储存平均值为 3.5423×10^2 Mg/hm², 标准差 3.52×10^2 Mg/hm²;相较 S1,栅格尺度平均值和标准差都有所增加。S2 中 2018 年碳储存总量 3.7489×10^8 Mg。相较 2009 年基期结果,S2 完全发生时,碳封存量仍会减少,共损失碳 2.8697×10^6 Mg,如果按 9 年间隔的线性变化假设计算,2009~2018 年每年会损失 3.1886×10^5 Mg。

3) 城镇化减速发展情景的碳变化

以 2009 年 LUCC 图为基期图,以 S3 模拟的 LUCC 图为输入情景,其他输入数据和模拟时间尺度保持不变,主要结果有:S3 中的绿洲城镇化速度继续减慢,但相较 2000~2009 年仍在增加,S3 主要模拟城镇化减速发展模式,在 LUCC 模拟中,对绿洲土地管理策略进行细化,增加了土地管理目标,并区分不同保护类型的约束条件,充分考虑了绿洲湿地自然保护区、制种玉米用地和退耕还林还草工程等,在最严格的开发限制条件下,城镇建设用地扩张最为缓慢。在上述背景下,得到 2018 年绿洲碳储存可能的空间分布(图 8.12)。

栅格尺度模拟表明:碳储存高值区仍主要分布在绿洲中部植被覆盖区域,但相较 S1 和 S2 而言,高值区继续有所增加,增加的区域仍呈零散分布特征;北部荒漠区和南部山前地带的植被覆盖稀疏,模拟结果依然较低;另外,绿洲内部水域和城镇建设用地模拟结果接近于 0。S3 绿洲碳储存平均值 3.5451×10^2 Mg/hm², 标准差 3.5228×10^2 Mg/hm²;相较 S2,栅格尺度平均值和标准差均继续增加;基于 S3 的绿洲 2018 年碳储存总量为 3.7518×10^8 Mg。与 2009 年相比,S3 完全发生时,碳封存量会减少,共损失碳 2.5789×10^6 Mg,如果按 9 年间隔的线性变化假设计算,2009~2018 年每年会损失 2.8654×10^5 Mg。

总体而言,绿洲碳储存和封存物质量变化:相较 2009 年的碳储量而言,不同城镇化建设水平的绿洲碳封存量均为负值,表现为碳的净排放,绿洲尺度各情景碳排放量排序

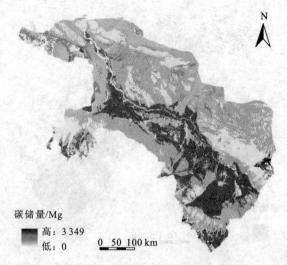

图 8.12　基于情景 S3 的绿洲 2018 年碳储存模拟的空间分布

为：S1(3.5303×10^6 Mg)＞S2(2.8697×10^6 Mg)＞S3(2.5789×10^6 Mg)，这表明随着城镇化建设水平的持续推进可能会导致绿洲碳储存和封存服务供给的逐步下降；进一步对比城镇快速建设水平、平稳建设水平和减速建设水平(S1～S3)可以发现：相较 S1 情景，随城镇化建设用地扩张的减速，绿洲尺度的碳封存量会逐渐呈增加的现象，其中，S2 情景下模拟的碳封存共计为 6.6058×10^5 Mg，S3 情景下模拟的碳封存共计 9.5143×10^5 Mg (图 8.12)。

碳封存价值量变化：相较 2009 年，城镇化情景 S1～S3 中的绿洲碳封存价值均表现为负值，即估值结果代表碳排放成本；不同城镇化情景的绿洲碳排放成本排序为：S1(5.3191×10^8 元)＞S2(4.3238×10^8 元)＞S3(3.8855×10^8 元)，这表明城镇化的持续推进可能会导致绿洲固碳成本增加；对比 S1～S3 可以发现：相较 S1，随着城镇化建设用地扩张的减速，绿洲碳封存价值增加，其中，S2 产生的封存价值为 9.9529×10^7 元，S3 产生的封存价值为 1.4335×10^8 元(图 8.13)。

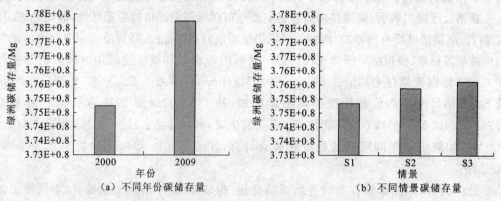

(a) 不同年份碳储存量　　(b) 不同情景碳储存量

图 8.13　基于绿洲尺度的碳储存变化和封存价值变化

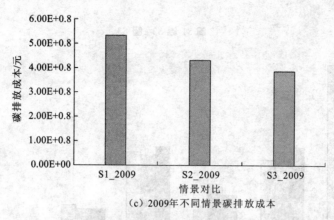

(c) 2009年不同情景碳排放成本

图 8.13　基于绿洲尺度的碳储存变化和封存价值变化（续）

6. 不同城镇化水平的 ES 敏感性分析

选择交叉敏感性系数(coefficient of cross sensitivity)分析,该指数是指土地利用类型转换的单位面积变化率所引起的生态服务价值变化率(普拉提,2014)。土地利用与覆被类型转换是相互的,当一定面积的土地从 i 类型转换为 j 类型时,从转入角度看应选择 j 的初始面积为基数,从转出角度看应选择 i 的初始面积为基数。上述问题会导致交叉敏感性系数有差异。普拉提等(2014)提出将相互转换的两个土地利用与覆被类型面积平均值作为转换率基数。该算法可避免分析角度不同所产生的差异性。

$$S_c = \frac{\Delta ES/ES_i}{\Delta A(A_{ik}+A_{il})/2} \tag{8.8}$$

式中:S_c 为交叉敏感性系数;ΔES 为生态系统服务变化当量(物质量/相应价值量);ES_i 为初始状态生态系统服务当量;ΔA 为转换的 LUCC 面积;A_{ik} 和 A_{il} 各表示土地类型 k 和 l 初始面积;取值为 $[-0.5(1+A_{il}/A_{ik}),0.5(1+A_{il}/A_{ik})]$,如 $|S_c|$ 越大,表明该类转换对生态系统服务变化更具有敏感性。

以生态系统服务估值结果为生态系统服务交叉性敏感系数中计算所需的当量,结合 LUCC 模拟结果,计算绿洲不同情景特定土地利用与覆被类型变为城镇建设用地过程的生态系统服务敏感性。在 S1~S3 绿洲土地变化过程中,对生态系统服务变化较敏感的土地利用与覆被类型主要为林地、高覆盖草地和灌木林地,这些土地利用与覆被类型提供的生态系统服务功能较强($S_c>1.1$);疏林地、中覆盖草地和低覆盖草地等较低($S_c<1$)。对比城镇快速发展水平、平稳发展水平和减速发展水平(S1~S3)计算的结果可以发现,低覆盖草地敏感性系数(0.27~0.29)偏低且情景间的差异性较小;有林地的敏感性系数(1.57~2.44)较高且差异性明显,但上述土地利用类型转换面积普遍较小且分布零散;这表明交叉敏感性系数对小面积 LUCC 过程导致的 ES 变化具有很强的检测能力(图 8.14)。

基于交叉敏感性系数的分析结果表明:高强度的人类活动(不同强度的城镇建设水平)导致的 LUCC 过程对生态系统服务变化非常敏感,这也提醒当地政府部门在决策制

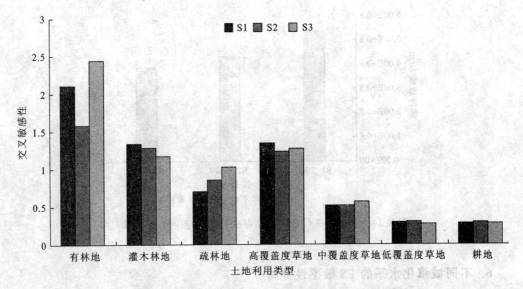

图 8.14　不同城镇化情景下生态系统服务价值交叉敏感性

定中要采取必要的土地利用规划与政策调控,以通过特定的土地利用变化过程获取预期的生态系统服务供给和相应价值;从建模角度看,后续可将该算法集成到现有方法体系中,分析不同情景 LUCC 过程对 ES 变化敏感性,为情景选择提供辅助信息。

8.2　干旱区生态系统服务综合评估模型

8.2.1　干旱区生态系统服务综合评估框架

通过发展可用的集成模拟与评估模型,可以初步揭示干旱区典型地区的生态系统服务和景观格局耦合机理;通过模型的案例演示可以进一步将科学问题转化为指标和模型,经过模拟和分析,将复杂信息转化为决策者易于理解和接受的知识;为职能部门进行干旱区农作物估产、旅游经济开发、土地资源评估、环境景观规划等多种实际决策过程提供可用的定量分析工具。同样以甘临高绿洲为例,针对生态系统服务集成建模的目标和已有的工作基础,将集成模型开发涉及的主要内容分为 4 个方面。

1. 历史时期绿洲生态系统服务过程模拟

分别选择绿洲农作物产量、旅游业变化、碳储存和封存量、生境质量等指标表征作物生产服务、文化服务、固碳服务和生物多样性。同时,收集不同指标计算所需的多源数据和多种模型算法,并发展空间显式的绿洲生态系统服务模型,分别完成各个子模块的参数率定和校准;模拟历史时期绿洲生态系统服务指标的动态演变过程;揭示绿洲不同空间尺度(地块-斑块-景观-绿洲)的生态系统服务分布特征;量化并理解绿洲生态系统服务的长时序动态演变规律。

2. 历史时期绿洲土地景观格局与过程模拟

开发模拟农业用地格局变化的 ABM 模块,改写模拟城镇和其他用地格局变化的 SLEUTH-CA 模块,通过算法集成,发展得到年尺度的绿洲土地景观模拟模型;分别完成不同子模块的参数率定和模型校准;模拟历史时期绿洲土地利用景观格局变化过程;量化评价绿洲景观格局空间分布特征;建立长时间序列的模型数据集和参数集,量化并理解绿洲景观格局长时序动态演变规律。

3. 景观管理决策对生态系统服务供给可能的影响

在耦合生态系统服务模块和土地景观模拟模块后,依据当地政府部门关心的绿洲生态保护政策(区域退耕还林还草工程、绿洲湿地保护区建设等)和农业政策(绿洲农业和生态用地保护、耕地分级保育管理等),开发可用的环境决策情景库;模拟不同决策情景下绿洲景观格局动态变化;建立基于多种情景的模型库、参数库和驱动数据库;阐明绿洲景观格局及过程对多尺度生态系统服务供给变化的驱动机制;量化并理解不同决策情景下绿洲生态系统服务供给可能的变化规律。

4. 绿洲生态系统服务集成权衡

在实现 1～3 模块开发与集成的基础上,进一步引入边际土地利用变化引起生态系统服务权衡价值变化的经济学模型;并开发基于 ArcGIS 的空间显式的生态系统服务权衡模块,最终完成生态系统服务综合评估模型的开发;在该模型基础上,进一步评估历史时期绿洲生态系统服务价值动态演变;评估不同情景的绿洲生态系统服务价值变化,并在斑块-景观尺度上揭示不同情景下可能提高特定生态系统服务供给的区域,在绿洲尺度上确定各种生态系统服务可能的变化阈值。

实现上述集成建模目标有助于解决如下关键科学问题:①生态系统服务与景观格局的跨尺度耦合机理:发展具有易用性、可扩展性和跨学科特征的中等复杂度的集成模型,完成多时间(天-月-年)和多空间(地块-斑块-景观-绿洲)尺度、多自然—人文过程的绿洲生态系统服务定量评估,提高对生态系统服务与景观格局耦合机理的认识;②生态系统服务权衡的时空异质性特征如何转化为决策功能:通过深入理解决策过程如何影响绿洲生态系统服务供给的时空分布,探索生态系统服务可持续供给目标下的权衡决策过程,凝练可用的权衡决策辅助知识。

8.2.2 干旱区生态系统服务综合评估模型开发

绿洲是干旱区剧烈的人类活动与自然过程相互作用的结果。从学术角度看,绿洲是指在大尺度的荒漠背景基质上,以小尺度范围,但具有相当规模的生物群落为基础,构成能够相对稳定维持的、具有明显小气候效应的异质生态景观。相当规模的生物群落可以保证绿洲在空间和时间上的稳定性以及结构上的系统性；其小气候效应则保证了绿洲能够具有人类和其他生物种群活动的适宜气候环境，有利于形成景观生态健康成长的生物链结构。

在生态系统服务集成建模中，通常涉及跨学科理论、方法和工具。由此可以确定建模框架(图8.15)。具体以景观生态学、土地系统科学、经济学等交叉学科为理论指导，选择河西走廊荒漠人工绿洲为典型区域，基于已有的野外调研和数据积累，综合运用 RS/GIS 和计算机建模技术，以长时序数据与集成建模相结合的思路开发生态系统服务集成模拟与评估模型；通过模型定量分析生态系统服务与景观格局的耦合机理、生态系统服务权衡的时空异质性及决策功能等关键科学问题。上述集成模拟与评估模型具有跨尺度特点，可以在干旱区其他生态系统或典型生态脆弱区进行应用。

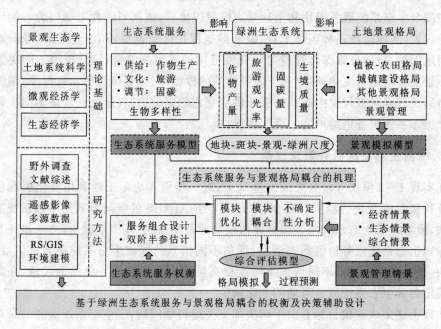

图 8.15　绿洲生态系统服务集成模拟与评估模型开发的建模框架

具体采用模块化建模方案：①设计并确定系统要素及其互馈关系；②完成绿洲生态系统服务、土地景观模拟、景观管理决策和权衡等4个子模块的耦合；③基于集成模型开展案例应用，完成对模型的参数率定和检验。

建模框架由多种自然—人文属性的 class 和 subclass 构成，模块之间通过连接或调用 subclass 实现耦合，并预留可扩展的接口。模型开发语言主要为 Matlab 和 Java，开发环境为 Eclipse 和 Repast Simphony。具体的模块开发内容包括4个方面。

1. 历史时期绿洲生态系统服务变化模拟

基础数据库：①分别收集区域历史时期遥感影像，几何校正和拓扑构建后，以土地利用图、地形图、历史时期各种辅助资料和实地调查数据,对各时期的影像监督分类和目视解译(ENVI),形成历史时期土地利用类型图,并据此获得各时期绿洲土地利用景观的时空动态数据;②收集历史时期绿洲各级交通网络分布图、区域城镇规划图、长时序NDVI(逐月)、植被分布图、DEM和土壤图等数据,获取气象观测站点资料,处理站点数据并进行空间插值;③收集和处理所需其他辅助性数据(野外样地实测数据、作物价格、交易碳价格、市场折现率、政府部门生态规划报告、文献数据、水土资源管理公报和社会经济统计年鉴等)。形成基础数据库。

作物生产服务:选取作物产量指标,整理和改写现有的光能利用率模型算法,完成植被模块重编译与封装。利用开发的植被模型估算历史时期年尺度绿洲NPP;获取主要作物的作物影响系数;发展作物产量估算模块,并实现模块参数化,模拟不同年份绿洲农作物产量空间分布与变化。

文化服务:选取景区旅游观光率指标,收集已有旅游数据,记录数据属性并制图;收集人口、景观类型、交通路网可达性(不同等级公路、铁路和机场)、宾馆(市/县—城镇级别)等空间数据;建立回归模型,发展文化服务模块并实现模块参数化,模拟景观格局变化对不同年份各旅游区旅游观光率的影响。

固碳服务:收集不同景观类型的碳库数据(如地上生物量、地下生物量、土壤和枯死有机质)和辅助建模数据,改写python版碳模块,实现模块参数化;模拟不同年份的绿洲碳储存量空间分布;估算不同历史时期绿洲碳封存量变化。

生物多样性:选取景观生境质量指标,改写python版生物多样性模块,实现模块参数化;模拟不同年份生境质量空间分布与变化。

最终完成模块化生态系统服务模型开发,在模型后期应用中进一步校正各模块精度,并利用模型理解绿洲生态系统服务随景观格局变化的时间和空间(地块—斑块—景观—绿洲)演变规律,开展其他的对比分析。

2. 1995~2015年绿洲景观格局变化模拟

改写SLEUTH算法(Liang et al.,2014),并耦合Lee-salee、Compare等13个统计指数及参数校正的算法,收集坡度层、土地利用层、排除层、城镇范围层、交通图层和阴影层数据,制备参数集,改进基于CA的城镇用地和其他用地模拟;利用绿洲农户调查和耕地变化数据,在Eclipse环境中,利用Repast Simphony仿真平台编写自主体行为规则以及决策规则,开发基于ABM的农业用地模拟模块,补充参数集所需数据;集成CA和ABM模块,并设计对农作物产量模块的反馈,得到土地景观格局模拟模型。

3. 决策情景库设计与集成

1) 情景库

情景是模型与数据的组合,在已有土地景观管理政策背景下设置3大类情景:①经济增长情景。绿洲人类活动用地变化不受严格限制,土地按市场机制快速扩张。②生态安全情景。保护绿洲湿地自然保护区和退耕还林还草区域。③综合情景。在维持生态安全和稳定性基础上探索合理的决策组合,考虑绿洲农业生产和耕地保育的现实需求,依据土地质量变化的空间差异性,对耕地进行分级保护。对不同情景策略的结果进行空间制图,形成模型模拟所需的输入数据集,设计基于模型架构和数据的情景库,数据格式调用包括 cvs、shp、grd 和 xml 格式,用于系统管理和存储数据,提高情景预测的可靠性和实用性。

2) 集成模拟

根据已率定的景观模块和情景库,完成历史时期和情景年的土地景观格局和过程模拟;模拟输出作为已率定的生态系统服务模块的系统输入,实现多情景的绿洲生态系统服务集成模拟;阐明不同情景下绿洲生态系统服务可能的时空特征与演化规律;上述建模过程为认识和量化评价生态系统服务和绿洲景观格局的耦合机理提供了可行的技术支持和方法。

4. 权衡模块设计及生态系统服务集成权衡

生态系统服务权衡的模块开发思路是:采用规范的经济学模型进行推导,通过空间化技术实现栅格计算,最终获取空间显式的权衡结果。建模的经济学理论依据可以用基本的供求关系曲线进行解释。

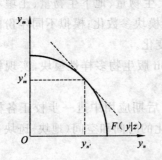

图 8.16 权衡分析的经济学原理

假设生态系统服务表示为向量(y'_n:市场化服务;y'_m:非市场化服务);y_n 为可直接或长期受益的供给服务(如干旱区的作物生产)和市场化文化服务(如典型景观的观光旅游和户外休闲),y_m 为非市场化文化服务、调节服务(如固碳)和支持服务(如生物多样性或稀有性),能提供竞争性收益,为稀缺服务;(y'_m, y'_n)受特定决策的景观变化和外生的环境条件变量 z(区位、收入差异和人口密度等)影响。因此,当 z 不变时,存在 $y=(y'_m, y'_n)$ 达到产出最大的转换函数 $F(y|z)$——"概率生产前沿面"(图 8.16),曲线交汇点处的斜率为 y_m 的机会成本(即 y_n 和 y_m 之间的权衡)。斜率如代表不同的转换函数,则生态系统服务组合权衡也有空间异质性,具体建模思路分为两部分。

(1) 非参数估计,获取初始的前沿概率有效和每个观测值到前沿的距离,获取理论上特定区域内可能提高的生态系统服务效益。通过 Farrell-Debrue 方法计算观测向量 (y,z) 到前沿的可能距离。

(2) 采用转换函数将非参数估计的阶梯形前沿面转换为平滑生产前沿面,获取各位置处的唯一机会成本。利用第一阶段估计的多变量输出距离函数,将不同生态系统服务组合输出值影射到有效输出前沿面上,然后通过 OLS 方法进行参数估计,并最终得到不受误差项 ε 限制的生产前沿面函数,如式(8.9)所示。

$$\ln y_{i1}^* = -\left(\alpha_0 + \beta'_{-1}\ln \tilde{y}_{i,-1} + \frac{1}{2}\ln \tilde{y}_{i,-1}\Gamma_{22}\ln \tilde{y}_{i,-1} + \gamma'\ln z_i \ln z_i\right) \tag{8.9}$$

(3) 权衡估计。基于最终的前沿面函数,通过前沿面特定点的前沿斜率确定生态系统服务权衡值。为评价不同景观决策情景下生态系统服务组合可能的收益变化,将边际权衡值转换为机会成本。假设特定生态系统服务组合中每种生态系统服务的市场价格均为已知,如其第一个生态系统服务产出价格为 p_1,则可利用已获取的生产前沿面函数估算组合中其他要素的机会成本,如向量 y 中第 k 个要素的机会成本,如式(8.10)所示。

$$p_k = p_1 \frac{y_1}{y_k} \left(\frac{\beta_k + \Gamma_k' \ln y}{\beta_1 + \Gamma_1' \ln y} \right) \tag{8.10}$$

利用 Matlab 实现算法,在 Eclipse 中打包,并实现与 1.~3. 中模块的耦合。利用权衡模块,评估绿洲生态系统服务价值变化;在地块/斑块和景观尺度上权衡不同情景下绿洲特定生态系统服务供给的典型区域,在绿洲尺度上确定多种生态系统服务变化阈值;还可以根据模型结果进一步探索最佳生态系统服务组合的决策方案。

通过模块化集成建模技术开发生态系统服务集成模拟与评估模型开发,最终开发的模型将用于开展相应的定量评估和模型功能演示。相关工作和成果将陆续发表,同时将根据案例成果进一步对模型进行检验和优化。模型设计过程中为后续的开发预留了接口,并将进一步对当前集成评估模型的执行流程(图 8.17)与运算效率进行优化。

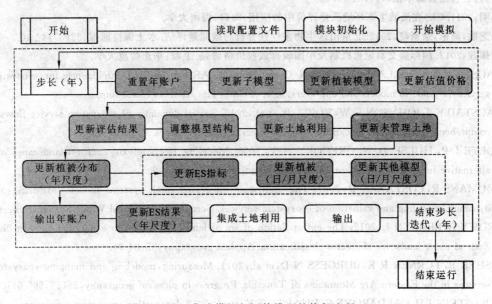

图 8.17　集成模拟与评估模型的执行流程

8.3　小　结

1995 年以来,针对干旱区脆弱生态问题与环境变化开展了大量研究,积累了丰富的数据和科学认识。以河西走廊荒漠人工绿洲生态系统为例,过去 20 多年来有多项数据观测和跨学科试验研究,产生了大量基础性的调查、监测、遥感和试验数据,这为发展绿洲生态系统服务集成模拟与评估模型及定量的案例开发提供了数据和理论支持。在全面了解已有生态系统服务制图和模型的基础上,开发绿洲生态系统服务集成模拟与评估模型。根据绿洲作物生产、文化服务、固碳服务和生物多样性,选择具体服务指标,发展生态系统服务过程与景观格局耦合模块;设计特定政策背景的景观管理决策情景库;发展可用的空间显式权衡模块;对多种决策情景下生态系统服务物质量和价值量变化进行模拟和权衡,完成集成模型开发。本章提出的建模思路和后续成果具有较强的可扩展性,可在此基础上进一步开发适用于干旱区的、面向多种生态系统服务的集成模拟与评估模型。开展生态系统服务与景观格局集成模拟可以为干旱区环境治理和可持续发展提供重要的理论探索和决策应用价值。

参 考 文 献

梁友嘉,2015.绿洲生态系统服务模拟与评估:以碳储存和封存为例.兰州:中国科学院寒区旱区环境与工程研究所.

普拉提·莫合塔尔,海米提·依米提,2014.土地利用变化下的生态系统服务敏感性研究:以克里雅绿洲为例.自然资源学报,11:1849-1858.

肖明,2011.GIS在流域生态环境质量评价中的应用.海口:海南大学.

杨芝歌,周彬,余新晓,2012.北京山区生物多样性分析与碳储量评估.水土保持通报,32(3):42-46.

赵捧莲,2012.国际碳交易定价机制及中国碳排放权价格研究.上海:华东师范大学.

BAGSTAD K J, VILLA F, JOHNSON G, et al., 2011. ARIES-Artificial intelligence for ecosystem services: a guide to models and data, version 1.0. USA: The ARIES Consortium.

BAGSTAD K J, JOHNSON G W, VOIGT B, et al., 2012. Spatial dynamics of ecosystem service flows: a comprehensive approach to quantify actual services. Ecosystem services, 4:117-125.

BOLTE J P, HULSE D W, GREGORY S V, 2006. Modeling biocomplexity: actors, landscapes and alternative futures. Environmental modelling & software, 22:570-579.

BOUMANS R, COSTANZA R, 2007. The multiscale integrated earth systems model (MIMES): the dynamics, modeling and valuation of ecosystem services. Germany: The Global Water System Project.

BROWN G, BRABYN L, 2012. The extrapolation of social landscape values to a national level in New Zealand using landscape character classification. Applied geography, 35:84-94.

FISHER B, TURNER R K, BURGESS N D, et al., 2011. Measuring, modeling and mapping ecosystem services in the Eastern Arc Mountains of Tanzania. Progress in physical geography, 35(5), 595-611.

GOLDSTEIN J H, CALDARONE G, DUARTE T K, et al., 2012. Integrating ecosystem-service tradeoffs into l and-use decisions. PNAS, 109(19):7565-7570.

JOHNSON G W, BAGSTAD K, SNAPP R, et al., 2010. Service path attribution networks (SPANs): spatially quantifying the flow of ecosystem services from landscapes to people//Computational Science and ITS Applications-ICCSA 2010 International Confevrence, Fukukba, Japan:238-253.

JOTZO F, DE BOER D, KATER H, 2013.中国碳价格调研(2013),中国碳论坛.

LABIOSA W, HEARN P, STRONG D, et al., 2010. The South Florida ecosystem portfolio model: a web-enabled multicriteria land use planning decision support system. System sciences (HICSS), 43rd Hawaii International Conference:1-10.

LIANG Y J, LIU L J, 2014. Modeling urban growth in the middle basin of the Heihe River northwest China. Landscape ecology, 29(10):1725-1739.

NEMEC K T, RAUDSEPP-HEARNE C, 2013. The use of geographic information systems to map and assess ecosystem services. Biodiversity and conservation, 22:1-15.

NELSON E J, DAILY G C, 2010. Modelling ecosystem services in terrestrial systems. F1000 biology reports, 2:53.

NELSON E, MEMDOZA G, REGETZ J, et al., 2009. Modeling multiple ecosystem services, biodiversity conservation, commodity production, and tradeoffs at landscape scales. Frontiers in ecology and the environment, 7:4-11.

REN J, WANG Y K, FU B, et al., 2011. Soil conservation assessment in the upper Yangtze River Basin based on InVEST Model. China academic journal electronic publishing house.

SHERROUSE B C, SSMMENS D J, 2012. Social values for ecosystem services, Version 2.0 (SolVES 2.0): Documentation and User Manual. USA: U.S. Geological Survey.

TALLIS H, RICKETTS T, GUERRY A, et al., 2013. InVEST 2.5.6 user's guide. NCP, Stanford.

VILLA F, CERONI M, BAGSTAD K, et al., 2009. ARIES (ARtificial intelligence for ecosystem services): a new tool for ecosystem services assessment, planning, and valuation//Proceedings of the 11th Annual BIOECON Conference on Economic Instruments to Enhance the Conservation and Sustainable Use of Biodiversity.